天下文化
BELIEVE IN READING

從0到101

打造世界天際線的旅程

目錄

序

序

打造台北一〇一 成為台灣當代文明地標

張學舜
台北一〇一董事長

為台灣做有使命感、歷史感、責任感及有價值的事情，都值得推崇敬重、都令人深感敬佩。

林鴻明董事長帶領著當時的團隊，為台灣開創了一個現代建築新紀元，從零起步、從無到有、從零到一〇一，打造一個富有建築工藝美學、融合東西方的劃時代建築，「台北一〇一」代表的不只是在建築及科技領域中的影響力與創造力，更象徵著台灣人引以為傲的勇氣、理想與堅毅。

台北一〇一是台北、更是台灣的地標，它在科技與建築工程上是個無法複製、難以超越的劃時代巨作，讀者可以透過本書的生動描述，身歷其境的感受，一群有理想、有憧憬的夢想家，一起攜手努力，從一紙投標書，到當時的世界第一高樓，歷史中的偉大創造，一幢摩天大樓拔地而起，代表台灣的國際級地標就此誕生。這一路走來的心路歷程，令我感動與欽佩。

於二〇一八年接下台北金融大樓董事長的職務，我深感榮幸。接任台北一〇一董事長後，我時常在想，在二〇〇四年正式啟用十八年後的今日，世界如何看台北一〇一？如何在林鴻明董事長悉心打造、融合東西方高度建築美學的劃時代建築基礎上，注入新的生命力與靈魂來豐富它？如何將台北一〇一打造成更有文化內容、人文溫度、代表台灣當代文明的國際地標？這些擘劃與想法，是我在有幸接任董事長之後的期盼與願景，對於如何營運這個世界級的地標也有著特殊的定位與使命感。

加入當代生活文明與藝術美學元素

台北一〇一是具有高度建築美學的台灣地標，做為台灣與世界連接的門戶，台北一〇一團隊加入當代台灣的生活文明與藝術美學元素，創造出當代台北、當代台灣最好的意象，讓世界看到台灣的當代文明；透過經營管理、永續發展策略，結合人文、藝術、時尚、創意四個生活美學元素，賦予這幢建築除了高度之外的文化內涵，打造台北一〇一成為「代表台灣當代文明的地標」，讓台北一〇一成為世界看見台灣最美好、最耀眼的名片。

台灣歷經近代百年的演變與發展，融合了東方的儒、釋、道文化價值，以及西方文明的現代商學、科學、民主法治、人文美學等重要元素，彼此交流與融合，形成也展現了代表台灣社會獨有的「台灣當代文明」，而台北一〇一正是體現這個獨有價值的指標場域。

因此，一個新使命感的理想就此湧現，就是要將台北一〇一打造成為代表台灣當代文明的地標，現在台北一〇一整年度舉辦的策展與活動，以及「新年驚豔一〇一」雙跨年季系列活動，正是這個想法的集大成之作。

近年來台北一〇一啟動無數豐富精采的策展與活動，國際級台灣藝術大師楊英風、朱銘、洪易、康木祥等人的作品在台北一〇一策展，台北一〇一化身「台灣當代美術館」；運用台灣特有花卉萬代蘭、千代蘭，演繹台北一〇一為一座「島嶼花園」；以歐洲花園為設計靈感，滿室花朵與柔美光影錯落，猶如莫內筆下的「莫內花園」翩然成形；華麗的歐式城堡涼亭滿布玫瑰花海與藤蔓，漫步「法式莊園」讓人感受滿滿浪漫風情與療癒情懷，旅人在此下午茶或喝杯咖啡，是極致的優雅體驗；夢幻瑰麗的「耶誕禮物夢工廠」與「夢幻旋轉木馬耶誕樂園」，充滿冬季雪國童趣的耶誕場景；「雲端上的祕境花園」透過高空祕境花園美景與窗外連綿山巒、朵朵白雲交相輝映，夢幻自然的景致美妙動人。

打造兼具「高度、深度、溫度」的生活美學場域

整合台北一〇一全場域的「新年驚豔一〇一」雙跨年季系列活動等，將人文、藝術、時尚、創意等元素融入全場域的生活美學策展與藝術裝置，精采多元的創意活動，媲美巴黎香榭大道及東京六本木的繽紛璀璨過年季。

再加上最受全球期待的台北一〇一跨年煙火，讓在台北一〇一場域內舉辦的每一場活動，都成為世界頂級的策展活動，也將台灣人民當代生活的優雅樣態，透過前來台北一〇一旅人的體驗與分享，讓全世界都能看到台灣當代文明的璀璨與美好。

最後，要再次感謝林鴻明董事長，在一九九七年號召建築史上的華麗陣

容，一群人克服重重困難與挑戰，打造世界最高建築，為台灣這塊土地盡心奉獻，為近代建築寫下歷史新頁，我也期待透過台北一〇一這個國際級地標，讓台灣的當代文明與世界接軌，透過精采的策展與活動，打造兼具「高度、深度、溫度」的生活美學場域，讓台北一〇一成為台灣迎向國際世界的舞台，延續建成至今的榮耀時刻，展現身為城市地標的價值，閃耀獨一無二、專屬台灣的傳奇與光輝。

序

締造台北一〇一大樓，人生中難得又完美的經驗

胡定吾
台北一〇一前董事長
生華生物科技股份有限公司董事長

台北一〇一大樓，代表台灣這塊土地上好幾個第一。

台北一〇一大樓曾經位居世界第一高的大樓，長達六年之久。它當然是台灣最高的建築，雖然不敢說是絕後，但，絕對是空前的。

它是第一座引用BOT的概念，由台北市政府和民間企業，以七十年承租期，由民間團隊經營管理的大型建築。

台灣年輕企業家，攜手完成的共同夢想

台北一〇一大樓也是台灣年輕一代企業家，走出各自企業的限制，在共同

理想之下攜手合作，為台灣打造了一個永久地標。

回想當年，在我擔任中華開發總經理期間，接到「台北國際金融大樓設定地上權開發計畫」的邀請，專案事業處的同仁十分興奮。然而，這興奮倒不是為了要蓋世界第一高樓，而是希望藉著此一建築，能夠把台灣建設成亞洲金融中心的目標，往前跨一大步。

一九九七年香港回歸中國大陸，社會上普遍對於台灣逐漸取代香港，成為亞太金融中心，都存有一份期望。

無意間，我發現宏國關係事業對此一偉大計畫也抱負著夢想。因此，我和鴻明先生很自然的就一起展開築夢工程。

在這裡要特別提一下，當時的中國人壽總經理辜啟允先生。他最先響應此一共同攜手合作為台灣打造地標的想法，並且熱心的去接洽中國信託辜仲諒先生，以及國泰人壽蔡宏圖先生，團隊雛型立即顯現；再加上新光人壽吳東進先生也積極響應，使得此一構想獲得各大壽險公司長期資金的挹注。爾後又獲得大型企業華新麗華的支持，很快便形成一個囊括十一家企業的強大企業聯盟。

我還記得，當年大家聚首的第一次餐會，是在興高采烈的氛圍下進行的。

其實林鴻明對台北一〇一大樓原本就成竹在胸，李祖原建築師也很早就有構想，我則從一開始就被掛上台北金融大樓股份有限公司副董事長的頭銜，負責財務調度，工程的推進，完全由林鴻明負責。

與他合作的過程，我發現營建工程處處都是百年難得一遇的挑戰。但林鴻明為了克服這些挑戰，可說是不計代價的付出。鴻明兄將早年在營建工程方面累積的人脈和經驗，都毫不保留的投入。

為了台北一〇一，創下個人最長飛行紀錄

還記得二〇〇二年，我倆為商場招商前往歐洲，當時因為二〇〇一年九一一事件，世界各大精品品牌對於進駐高樓都十分猶豫，再加上不少名牌在台北其實都已經設有好幾個據點，我們收到的反應可以說是十分冷淡。相較於之後陸客開始蜂擁而至台北一〇一，二〇一一年我們再去歐洲招商拜訪時，所受到的熱烈接待，可說是天壤之別。

一九九九年，為了替台北一〇一商場尋找一個經營管理的專業公司，我數度前往倫敦和雪梨拜訪聯盛集團（Lendlease）。由於聯盛集團採行雙總部制

度，一個在倫敦、一個在雪梨，而我必須往來兩地接洽，頗為費時。其中有一次從洛杉磯去雪梨，歷時十七個小時，創下我個人最長的飛行紀錄。當時聯盛集團剛於倫敦近郊推出藍水（Blue Water）計畫，是當時最前衛的購物中心構想，令人印象非常深刻。邀得該公司加入後，其為商場的設計及動線所做的巨大改變，確實讓台北一〇一增色不少。

每年跨年晚會施放煙火時，都不禁令我想起那七年參與台北一〇一大樓組織團隊、備標、競標、加高樓層等過程；尤其是為此工程共同投入的伙伴，至今仍保持密切往來。

締造台北一〇一大樓，實在是我人生中難得又完美的一次經驗！

序

一幢好的建築，可以改變一個都市

李祖原
李祖原聯合建築師事務所主持人

一幢好的建築，可以改變一個都市，因為它代表都市發展新基礎的建立，開啟一場都市建設的革命。

尋找新基礎是二十一世紀之前最偉大的成就，如 $E=MC^2$、量子力學等，皆因新基礎的建立，而使科技有跳躍式的超大進展。

因為有新基礎就有新根源，新的根源就使我們可以創造一個新的世代。新基礎的建立，如紐約早期的帝國大廈，為都市向空中發展奠定下新基礎，或如巴黎的艾菲爾鐵塔，為時代建築開啟結構新方式的新基礎；新基礎的建立，就像是一場世紀的革命，整個現代性就是因為有新基礎的創立，為人類開出新的文明。

高，就是一切

登高是人類的天性，登高即登頂，「頂」即理想，因為高即理想。現代到全世界去旅遊的群眾，不管參觀任何地方的名勝古蹟，無不以登頂為完成其參觀之終點。

登高望遠，理想之終極也。

台灣是一個地震與颱風頻繁的地帶，要在這樣的環境下興建一座超高大樓，原本是一件不可行的大事；而台北一〇一從開始的六十六層樓高，直接跳到一百零一層、五百零八公尺高，成為當時世界第一高的超高大樓，更是沒有任何人認為可能之事。

之所以成功的唯一因素，就是領導者的理想與氣度。

台北一〇一最成功的革命，在於其五百零八公尺的高度，當時人類高樓史從未有超過五百公尺的建築，因為超過五百公尺，是高樓建築的一個關鍵性里程碑。

這種革命性的成就，是一個新基礎，是台北一〇一可以改變一座城市的根本理由，在台灣當時的環境下完成，可以說是史無前例的實驗成就。

時勢造英雄

這樣一件世紀大事的興建與經營，若無超能力的靈魂人物出來領導與執行，是無法完成的；這個靈魂人物就是宏國關係事業家族及林鴻明先生。

我們團隊與宏國關係事業家族，在台北一〇一完成之前，早已在建築方面共同發展與奮鬥多年，我們共同的一個理想，就是發展本地的建築，要進步再進步、理想再理想，這種理想的追求，一直延續到台北一〇一。

林鴻明先生溫文有禮，有理想、有熱情、有堅持、有勇氣、有魄力，以理性做判斷，以智慧領導團隊，以理想為依歸；因為有他的領導，讓台北一〇一一步步邁向成功道路，能在萬般艱難下完成這一驚世的巨作，可以說是時勢造英雄。

台北一〇一的興建，若無宏國關係事業家族的支持與林鴻明先生的領軍，絕對沒有成功的機會，其中最大的因素是為理想而建設；所以我們應該感謝宏國關係事業家族與林鴻明先生，為台北一〇一的血淚付出，突破人類高樓史五百公尺的里程碑，完成此一世紀盛事。

自己的事，自己解決

不假外求，是台北一〇一選擇建築師值得一提的大事。

台灣當時的建築產業，對本地自身的建築師充滿質疑、不信任，總是借助外國成名建築師來從事本地重大建設，以至於本地建築師永遠沒有進步的機會，自己不培植自己的建築人才，是一個最大的錯誤戰略。

宏國關係事業家族與林鴻明先生在這種環境下，本著理想、本著信念，以及長期合作中對於我們的信任，秉持「自己的事，自己解決」的戰略，選擇我們為本案建築師及領導顧問團隊，是一個肯定自己的大決定。在此我們非常感激他們所做的決定，完成理想中的「自己的事，自己解決」，這也是台北一〇一能建造成功的另一因素。

一部台北一〇一之《從〇到一〇一》，可以說就是一部建築理想的發展史。

這本《從〇到一〇一》，既是一份林鴻明親身細說台北一〇一興建與經營的明細表，更是一部血淚史，讓世人更能了解一幢好的建築，可以改變一個都市背後的大歷史，那即為：理想與現實的掙扎、困惑與理智的爭辯、成與敗的決定，甚至生與死的了解，是本值得重大建築工程興建與經營參考的書籍。

理想，是成功唯一的信念。

台北一〇一之《從〇到一〇一》，就是有理想才能成功的最佳見證。

序

台灣的驕傲，台灣的可能

朱麗文
台北一〇一總經理兼商場事業處營運長

二〇二一年九月三日，踏進台北一〇一總經理辦公室，是我接任台北一〇一總經理職務的第一天，從沒想過有這麼一天，自己能接下這麼重要及神聖的職務，這就要從二十四年前開始說起……

一九九七年，當時我在中華開發專案部任職，被派任了一個重責大任，接下了以中華開發為領銜公司的專案，要集結台灣知名企業，籌組專案團隊去投標「台北國際金融中心BOT案」。當時中華開發總經理胡定吾先生，帶著主管及我去宏國大樓商討投標案，這是我第一次見到宏國關係事業副董事長林鴻明先生。

我帶著一連加班好幾晚的各種財務敏感度分析試算報告，準備說明，沒想到，筆電都還沒打開，兩位長官很快就交換完意見，吃了碗牛肉麵，午餐會議便結束了。

心中有遠大目標，以最高權利金出價

等到開標後我才知道，原來他們早已有定見，心中有遠大目標，所以勢在必得，一定要拿下這個BOT案，當時就以最高的權利金出價，取得台北一〇一的七十年開發經營權。

也因為這個案子，我陸陸續續見到許多位國內數一數二的企業老闆，他們都是為了「台北國際金融中心BOT案」，大家有志一同，共同投資，成就了「世界第一高樓」台北一〇一。

總投資金額超過五百八十億元的台北一〇一，當時可說是號召了史上最堅強的股東陣容一起投入，雖然台北一〇一在興建階段遭逢航高限制、地震，並造成工期延長及計畫成本增加，但仍獲得所有股東及銀行團的一致認同及信任，順利完成增貸、增資、降息等，使台北一〇一的財務狀況獲得重大改善，最終得以順利完工營運。

在這裡，我看到了熱情及信念，大家的唯一目標就是做出台灣前所未有、劃時代的地標建築物。

而我個人也因為參與台北一〇一專案，有幸見證台北一〇一的成長茁壯，人生最精華的二十四年光陰從此與台北一〇一同在。我從公司第一任董事長、總經理的帶領開始，就在公司任職到現在，而如今自己擔下總經理職務。回首這一切，只有感激。

眾人齊力，打造世界第一

非常感佩所有參與股東的遠見及魄力、銀行團的信任及支持，還有擔負起領導整個經營團隊的歷任董事長、總經理，以及所有成就台北一〇一的員工、工作伙伴、租戶，和支持我們的品牌，是他們一起讓台北一〇一發光發熱，讓台北一〇一持續能在管理創新、效率經營、環保節能、優質服務上不斷追求卓越，成為全台灣人共同的驕傲。

而我個人尤其感佩林鴻明先生，是他克服了台北一〇一最艱困的興建及營運初期，終於成就了台北一〇一這座「讓世界看見台灣、讓台灣看見世界」的偉大建築。台北一〇一能有今天世界第一的格局，這是在規劃初始就已具備的遠見及決心，林鴻明先生絕對是最重要的開創者。

因為前人的努力，台北一〇一是得天獨厚的，擁有許多的資源和機會，而台北一〇一最大的優勢，就是經過這麼多年長期經營，在大眾心目中建立起的品牌形象所代表的指標性與公共性。台北一〇一已經不只是一幢建築，而是與兩千三百萬台灣人密切連結台灣精神的指標，是台灣能力的最佳代言人，更是台灣對世界的櫥窗。

充分展現城市精神地標的價值

如同現任董事長張學舜先生所言，他的使命是要「打造台北一〇一成為台灣當代文明地標」，現在的台北一〇一無疑是充分展現了城市精神地標的價值。例如，透過相關節日與特定社會、公共議題進行點燈打字，來呼應民眾心聲；規劃「新年驚豔一〇一」雙跨年系列活動，結合裝置藝術、美學策展、璀璨燈飾與跨年煙火，帶給民眾充滿歡樂與驚喜的新年體驗，同時也向世界傳播台灣的美好；更透過國際級煙火展演，大幅提升台北一〇一的國際能見度，讓全世界看見台灣。

雖然台北一〇一的高度不再是世界第一，但其豐富扎實的深度，在經歷時間的考驗下彰顯了獨特的價值；最終希望所有台灣的好、台灣的驕傲、台灣的可能，都在這裡呈現。而我也會秉持前人的心血，為著這個職志，繼續努力。

序

實現夢想、超越夢想的旅程

林鴻明
台北一〇一前董事長兼總經理
宏國關係事業副董事長

為了出版這本《從〇到一〇一》，二〇二〇年十一月及十二月，本書作者及遠見．天下文化事業群的編輯，跟我約了每週四下午訪談。在忙碌的行程中，這是非常愉快的下午時光。雖然是追憶那麼久以前的事情，但有關台北一〇一的事情，對我來說依然記憶猶新、歷歷在目。

台北一〇一的投資興建及營運，是我人生到目前為止最重要的一件工作。

雖然我從小就夢想要蓋一幢可以流傳後世的建築，但當台北一〇一投標案啟動時，我完全沒想到這就是實現夢想的開始。回想起來，第一次接觸到這個投資案已經是二十五年前了，當時起心動念，號召好朋友們一起參與，經過各種崎嶇的過程，沒想到走過漫長的二十五年，已經成為一段傳奇，一段刻骨銘心的歷程，一段超越夢想的旅程。

大家都非常想為台灣做點事

這個歷程值得記錄下來，一方面是為了分享當初幾位大企業集團正值壯年的董事長們的初心，包括中信的辜啟允、新光的吳東進、國泰的蔡宏圖、中華開發的胡定吾，以及華新麗華的焦佑倫，大家都非常想為台灣做點事，為台灣蓋出一幢特別的大樓。雖然那時未曾想到會有如今的影響力，但那個心念是真實的、令人感念的。

我也一直感恩他們對我的信任及支持，把台北一〇一蓋出來，再將台北一〇一經營到賺錢，總算我沒有辜負大家的託付。

值得記錄的另一方面，在於一個超級工程的籌備、設計、施工乃至管理過程，有很多的決策點，包含很多不確定因素，以及內在與外在環境的變化。雖然每個工程的情況一定都不一樣，但我覺得台北一〇一的案例值得參考，應該分享出來。

台北一〇一很多的工作安排方式，是參考國際的作業模式，有歐美的、也有日本的，雖然前期費用較高，但對於整體工程預算、品質及進度的掌握，其價值遠遠超過多花的費用。過程中雖然遭遇航高限制及三三一大地震的意外，使得工程進度受到一些影響，但是其他規劃都依然照預期進度進行。

此外，工程預算的掌握更是非常準確，台北一〇一興建過程雖有這些不可控因素，但最後結算時，幾乎是以原預算完成，達成不可能的任務。主要就是工程專案管理（PCM）完全管理控制費用的支出，有增加的地方就必須要有結餘之處，有結餘的地方就可以有增加之處，在全程監管之下，結算時的準確度即可確保。

為台灣工程界培養許多人才

台北一〇一的興建是台灣建築史上最龐大、最複雜的工程，所以必須引進國際上最先進的技術及專業人才。

除了把台北一〇一以最高的品質蓋出來，我也希望這些技術及經驗能扎根在台灣這塊土地上，因此在國際團隊投標時，我特別要求他們必須搭配台灣的團隊承包，這樣才能把最先進技術及國際經驗留下來，而國際團隊自己在台灣也雇用很多台灣在地的工程人員。

可以這麼說，整個工程做下來，台北一〇一的興建為台灣工程界培養了很多人才，也提升了台灣營建業的專業水準。

政府與民間合作的典範

還有就是，台北一〇一是政府與民間企業合作很好的典範，這是台北市政府第一個BOT案例，也是一個非常成功的案例。從一開始，政府就明列遊戲規則，並且在過程中提供合法、合理的協助，從一開始收到的巨額權利金，後來每年又有可觀的地租及房屋稅收入，財政上也是良性正向的。

更重要的是，因為台北一〇一的興建，信義計畫區成為台北市的新興精華商業區，帶動整個區域的發展及繁榮，創造更多稅收。對企業而言，能夠取得規劃良好的完整地塊，實現開發的理想，也是很棒的機會。

因緣際會，我在四十二歲時開始籌組團隊準備興建台北一〇一，五十歲時台北一〇一全部完工、大樓開幕，五十七歲時離開團隊，人生最精力旺盛、精華的歲月，都貢獻給台北一〇一。直到現在，我還與團隊人員保持聯絡，大家一起打拚過，經歷過所有的酸甜苦辣，真的是革命感情，這是蓋出台北一〇一之外的附加收穫——一輩子的伙伴們！

感謝作者及遠見．天下文化事業群的編輯讓這本書誕生，希望喜愛台北一〇一的讀者也喜歡這本書。

楔子

從一紙投標書，到世界第一高樓

二〇二〇年年底，宏國關係事業副董事長林鴻明，收到一份意外的禮物——「全球五十最具影響力高層建築」（50 Most Influential Tall Buildings of the Last 50 years）的獎座。

這個獎座，是二〇一九年年底，由全球極具權威性的高樓認證機構「世界高層建築與都市人居學會」（CTBUH），頒發給曾經是世界第一高樓、現在排名世界第十高樓的台北一〇一。

台北一〇一當時總經理張振亞與設計這幢建築的李祖原建築師，前往美國芝加哥領獎，並將台北一〇一的模型，致贈給美國芝加哥建築協會世界高樓展覽館。

這個獎是CTBUH五十年來，第一次評選最具影響力高層建築。

台北一〇一能夠獲獎，是莫大的榮耀！

台北一〇一董事長張學舜為了感謝將台北一〇一從無到有，扮演關鍵角色的林鴻明，一路的堅持與努力，特別將這個意義重大的獎座，致贈給林鴻明，感謝他和當時的設計及營造團隊所奠定的基礎，讓台北一〇一能持續在國際上發光。

談到台北的時候，會先想到什麼？

在沒有台北一〇一之前，我們去哪裡跨年？東京、紐約還是雪梨？

因為台北一〇一，我們擁有了全世界最漂亮的跨年煙火。

為每個人創造記憶

每年歲末，台北一〇一璀璨的跨年煙火，不但為新的一年點亮希望，也讓台灣能透過全球媒體的直播，以光彩耀眼的姿態進入全球視野。

引領全球流行文化的漫威系列漫畫裡，台北一〇一是鋼鐵人東尼·史塔克（Tony Stark）企業的台北分部。日本精靈小說裡，將台北一〇一視為能匯聚超能力的聖殿，主角登上觀景台，藉由神器穿越異世界。愛爾蘭作家的奇幻小說中，特別設計前往台北一〇一的情節，並且將外露的金色風阻尼球帶入故事場景裡。

空拍鏡頭居高臨下，由玻璃、鋼筋與混凝土所構成的城市街道，一幢直入雲霄的大樓佇立在中央，外牆上閃耀著「TAIPEI」。美國電影《露西》（*Lucy*）以台北一〇一做為台灣場景的主視覺，吸引了全球觀眾的目光。

二〇一九年年底，高樓認證機構「世界高層建築與都市人居學會」頒給台北一〇一「全球五十最具影響力高層建築」獎座。

台北一〇一誕生之後，在世界舞台上，台北有了嶄新的面貌；台北一〇一也成為台北人生活中不可分割的一部分。

大樓內每日超過一萬人上、下班，購物中心川流不息的人潮，城市每天活動的四百萬人，都在不知不覺中，養成了環繞建築而行的生活。

抬頭可見的親切感，也是習以為常的

存在。

無論是迎著朝陽還是落日，走在台北角落，許多人也都已經習慣依靠台北一〇一指引身處的位置與方向。

台北一〇一，每天都在為海內外的許多人，創造值得回味的記憶。

從無到有，從虧損到盈餘

二〇二一年九月，原任台北一〇一購物中心營運長朱麗文，出任台北一〇一總經理一職。她在台北一〇一的計畫籌備期間就已參與。朱麗文笑著說，「人生中最寶貴的青春，都奉獻給台北一〇一。」

朱麗文在一九九九年，由開發團隊中的主導者——中華開發工業銀行（改制前為「中華開發信託股份有限公司」），派任至台北金融大樓股份有限公司，資歷至今已經超過二十二年，親自見證了台北一〇一從無到有、從虧損到盈餘的艱辛歷程。

在這兩個階段，林鴻明功不可沒，在團隊的心目中，他不僅克服種種內、外部環境和全球經濟局勢變化的挑戰，也展現領導風範，向董事會爭取，實踐了只要公司獲利，就帶領員工到歐洲旅遊的承諾……。種種化不可能為可能的結果，稱他是台北一〇一的催生者，當之無愧。

朱麗文說，「林鴻明原本就有建築的背景，對於為台灣打造世界第一高樓，他展現了完成這個使命的強烈企圖心，以及為這個理想所付出、外人難以想像的高度堅持。」朱麗文透露，林鴻明的妻子，由於心疼林鴻明一路上所遭遇的種種挑戰與責難，曾經要他別這麼執著：「這份工作你又沒有領多少錢，值得嗎？」

時間回到二〇〇四年十二月三十一日。那一天，是台北一〇一大樓正式開幕的日子。

天才剛破曉，林鴻明就睡意全消。

往信義計畫區的方向前進，沒有讓車子進入地下停車場，頂著寒風，林鴻明在大門口下車，心中熱血澎湃。他抬起頭，仰望著這幢耗盡心力、燃燒熱情，終於落成的世界第一高樓。

一陣風吹過，邁開步伐，走過大門，穿越大廳，跨進電梯。堅實的鋼筋、樑柱，緊繃的鋼繩纜索，穩定結構的風阻尼器，每一樣建材、每一次創舉，都

台北一〇一完工後，部分工程團隊合影。動員四十六個國家工程團隊和兩萬名工作人員，龐大工程規模為台灣史無前例。

召喚著林鴻明想起，不過就是幾個月、幾年之前，那些從早到晚的會議、身心煎熬的資金壓力、以及解決不完的問題……

世間之事沒有偶然，其中必有因果。所有參與者的付出，都讓林鴻明念念不忘。

一九九七年的一紙投標書

台北一〇一要將「全球五十最具影響力高層建築」的獎座贈給林鴻明，林鴻明並不居功，他特地邀請共同完成這幢大樓的團隊，一起分享這份榮耀。

團隊代表包括：營造階段的永峻工程顧問公司、華熊營造、富國技術工程公司，還有完工後分別負責辦公大樓與購物中心的招租、經營管理的各專業經理人。

他們是：永峻工程顧問總工程師鍾俊宏、華熊營造前董事長田代靜夫、華熊營造總經理李宗焜、華熊營造副總經理林培元、富國技術工程總工程師何樹根，以及台北一〇一前大樓事業處總經理楊文琪、台北一〇一前購物中心事業處行銷總監李雅萍等。

一群人，為台灣這塊土地盡心奉獻，做出巨大的貢獻。

一個人的動心起念，號召並組成十一家企業聯盟，以四十六個國家工程團隊，和兩萬名工作人員，組成史無前例的龐大工程規模，克服重重挑戰，打造世界最高建築。

一九九七年的一紙投標書，開啟了通往世界第一高樓的旅程。

第一部——由地平線轉向天際線

01

兩度丟棄的標單

「這麼大的開發案，怎麼可能做？」宏國關係事業副董事長林鴻明，邊說邊把視線從正在瀏覽的標單移開。午後的陽光，正緩步移動到一旁的垃圾桶。剛才還在林鴻明手上的標單，此刻已經躺在垃圾桶裡。如果有好奇者彎身拾起，可以看到其上有「地上超過七萬坪、地下超過兩萬坪」、「三幢建築」，以及「高度要超越台北地標新光摩天大樓」等各項描述。

這些描述的尺度和規模都大到難以想像，難怪營建經驗豐富的林鴻明一看就直覺「不可能」，興趣缺缺。

這個開發案，全名「台北國際金融大樓設定地上權開發計畫」，是台北市政府史上第一個BOT案構想，地點在台北市松山區第二期市地重劃區。

台北市松山區第二期市地重劃區，是台北市政府為這座城市提出的一個新願景，以「副都市中心」為定位，配合軍方廠房設施的遷移，打造為現代化的示範性新社區。一九八一年八月十七日，發布都市細部計畫，加速開發進度，同時為配合政府重大經貿政策，經濟部專案簽報行政院核准以設定地上權方式建築世界貿易中心、國際會議中心。沒有人想到，日後它不但升級為「信義計畫區」，並且成為台灣天際線的指標。

只有地平線，沒有天際線

初期因為位置偏遠、孤立而開發遲緩的台北市松山區第二期市地重劃區，一開始只有地平線，沒有天際線。

從市中心的台北車站往東走，行經甫於一九七二年完工的國父紀念館，火車正要駛過，平交道的柵欄伴隨著警鳴聲緩緩放下。站在才拓寬、鋪上柏油沒幾年的基隆路，朝南望，也就是台北市松山區第二期市地重劃區的範圍，可見到一大片眷村。再往前走，農田和不肖業者亂倒的垃圾相繼入目，雖然有道路，但也看不清最終將通往哪裡。

一九八〇年代，幾個地標建物動工興建，區內呈現對比強烈的景致：一邊在緊鑼密鼓的拓寬馬路，大型工程車頻繁進出，塵土飛揚中；另一邊卻有居民悠閒的在池塘邊釣魚、看夕陽。隨著一九八五年年底台北世界貿易中心完工、一九八八年台北國際貿易大樓落成，這些地標型建築物錯落在總面積一百五十三公頃的信義計畫區，讓原本的地貌開始有了轉變。

再加上一九九〇年君悅酒店（當時名稱為「凱悅飯店」）開幕、一九九四年台北市政府大樓完工啟用、一九九七年基隆路車行地下道工程完工，對城市發展動向靈敏的人都嗅得出，這裡的重要性將愈來愈高。

乘載夢想的起點

一九九〇年代，政府開始推動台灣成為亞太營運中心，規劃六大中心，其中包括「國際金融中心」；國際金融中心的概念，是政策、企業、社會經濟與法律一整套體系的發展與結合。在這項結合真正發揮作用之前，必須要先有一幢符合國際金融機構需求的硬體設施。再加上因應全球局勢的變化，香港即將在一九九七年回歸中國大陸，政府寄望台北能夠取代香港成為亞太金融中心。

於是，信義計畫區雀屏中選，成為同時承載這兩個夢想的最佳地點，並且有了具體的構想——鼓勵民間共同開發的「台北國際金融大樓設定地上權開發計畫」。

至於計畫預定地，經過中央銀行、財政部與台北市政府多次協商，終於選中位於台北世界貿易中心旁邊，信義路上的兩塊空地，合計約九千一百五十九坪，做為建立亞太營運中心的開端，打造一幢可望引領台灣未來的台北國際金融大樓。

然而政府政策進行緩慢，到了一九九七年，香港依舊占據著全球金融中心的地位，而台北國際金融大樓也還停留在計畫階段。

那一年，香港正式回歸中國，亞洲發生金融風暴，從泰國開始，波及日本、韓國、新加坡、香港等地，各國股市、匯市劇烈波動。台灣在中央銀行對匯率控制得宜的情況下，沒有受到太大波及，政府推動台北成為亞太營運中心的計畫，在亞洲金融風暴之後有了更積極的動力，計劃多年的台北國際金融大樓，終於確定了開發方式。

台北市政府將這兩塊編號為Ａ22及Ａ23的街廓，變更都市計畫內容，並提高容積率為六三〇%，以設定地上權七十年的開發方式，在一九九七年五月正式公開招標，廣發英雄帖，邀請民間參與。

林鴻明收到的標單，就是這張英雄帖。

台北市政府第一個BOT案

公開招標，是政府想要完成台北國際金融中心的第一步。

這個標案可說是以敲鑼打鼓的方式，向國內所有具開發實力的企業、財團及開發商廣發邀標訊息。宏國關係事業當然也是其中之一。

做為台北市政府的第一個BOT案，「台北國際金融大樓設定地上權開發計畫」自然是聲勢浩大，台北市政府更積極在各方面做多。然而，這個市政府的BOT案雖說是首開先例，但卻沒有如預期般受到關注。

原來，當時房地產市場蓬勃發展，住宅、商辦可說是遍地開花，各家企業都專注於手上的開發業務。只要一想到規模如此龐大的開發案，要在短時間內準備好滿足投標條件的諸多事宜，需花費大量時間與心力，加上回收期又長，一般人都會選擇先投入眼前的開發案。

沒多久，同一份邀標單又寄到林鴻明辦公室。

這一次，他稍微想了一下。

投標書上注明，有意參與的投標單位，需備齊「投標申請書」、「投標切結書」、「價格標單」、「押標金收據聯正本」、「法人資格證明文件」、「財務能力證明文件」、「投資、開發、經營相關計畫之證明文件」、「與台灣證券交易所協議合作事宜承諾書」、「土地開發計畫書」等相關文件，並且視需要再提供「代理人委任書」、「技術合作協議書」、「企業聯盟協議書」等。除了所有文件需要詳細備齊，還必須在投標前，於台北銀行繳交七億元的押標金。

台北市政府設定的完工日期，是二〇〇〇年年底。

它比許多標案的規模大上很多。要能夠準備好這麼多文件，代表公司的經營決策也需要大幅調整，因為資源的配置將大不相同。尤其當時房地產景氣正好，押標金七億元其實可以進行很多其他的開發案。

他在腦中描繪做這個案子的可能方式。思緒在腦中來回奔騰，林鴻明還是覺得，案子太大，很難做好。

林鴻明心想：「根本不可能做。」他啜了口茶，再度毫不猶豫的把這張標單送進垃圾桶。

這麼大的事情，我哪裡有辦法做

幾位好友與林鴻明相約餐敘，時任財政部政務次長李仲英也在場。李仲英與林鴻明的父親同年生，彼此是家族舊識。

李仲英談及政府要做台北國際金融大樓，是一個很好的項目。他當場詢問林鴻明，「有沒有意願投標？」

被問到有沒有投標意願，林鴻明心中的感覺還是一樣。由於彼此熟識有交情，林鴻明很直接的回答：「歐里桑（台語），這麼大的事情，我哪裡有辦法做。」

李仲英聽後笑了笑，要林鴻明不用急著拒絕，回去想一想再做決定。

沒多久，時任台北市市長陳水扁及夫人，宴請林鴻明夫婦餐敘。台北世界貿易中心國際貿易大樓三十三樓，素以視野遼闊的景觀著稱。放眼望去，一般人看到的是台北市的現況，年紀較長的人，可能會看見記憶中過往的場景；有那麼一些特定的人，卻能夠看到未來，從中把握機會，從而改變自己，甚至一座城市的命運。

在安靜、舒適的包廂中，市長主動提起台北國際金融大樓標案，並且希望宏國關係事業能參與投標。

林鴻明還是認為，以他現有的能力不可能辦得到，但市長親自勸說，總是不好意思當面拒絕。不過，這一次卻引起他的好奇：為什麼財政部次長和市長都對他提起這件事？

已丟棄的標單，此時彷彿從垃圾桶中飄了出來，回到林鴻明的辦公桌上。

要不要一起來研究研究做這件事？

林鴻明的好友，中華開發總經理胡定吾，前來敦化北路的宏國大樓拜訪。談完之後，林鴻明送胡定吾到樓下，一邊走一邊聊，來到大門口。此刻，敦化北路林蔭大道車來人往，洋溢著屬於這座城市的活力。

兩個人站在大廳，話題似乎意猶未盡。言談中，胡定吾提起了台北國際金融大樓的標案。

「要不要一起來研究研究做這件事？」胡定吾說。

林鴻明聽到「一起來研究」這句話，突然間被打動了。

他說：「就是因為只想到自己做，才會覺得超過能力。」起初，林鴻明認為計畫太龐大，投資金額非常高，但那是以單一公司的角度去思考。這來自宏國一向的經營風格：「宏國根本沒有和其他企業合夥做過生意，也沒有想到過與別人合作。」

當時包括國泰、新光、中信等財團，也幾乎沒有和其他企業合作開發的經驗。胡定吾等於是為他打開了一條新思路，萌生或許可以和其他企業好友一起合作的想法。

經過這麼多次，不同場合、不同長輩、長官、朋友分別勸說，「台北國際金融大樓」好像開始有了生命，未來的模樣雖然連一筆都還沒畫下，但是心裡那顆不知道在何時被埋下的種子，卻逐漸發芽。

林鴻明開始思考投標的可能性，「是不是應該做這件事情？」

他告訴胡定吾：「案子太大，一個人做不來。如果要做，要找眾人一起做。」

情況出現了一百八十度的大轉變。和之前斷然拒絕的情況不一樣了，這一次，是一個帶有條件的回答。

未來世界第一高樓的開端

帶有條件的回答，代表對目標產生了想像；有了想像之後，四周原本模糊的影像就會慢慢浮現輪廓。

林鴻明說，「有些事情，或許真的是天注定。」凡是命中注定的事，往往會一而再、再而三的以各種形式出現。林鴻明從頭想過一遍，感覺冥冥中似乎有各種機緣，推著他踏上這條路。

恰好在一週之後，新光集團吳東亮做東請客。

宴席上除了林鴻明，還包括國泰集團蔡宏圖、新光集團吳東進、中國人壽辜啟允，以及中華開發胡定吾等人。

台北國際金融大樓投標的話題，很自然的出現在杯觥交錯間。這幾位年齡差不多、經常一起吃飯打球的好朋友，幾乎每個人都收到邀標單。但是，每個人也都一樣，處在審慎評估階段。

要能抓住好的緣分，往往需要具備突破既有框架的勇氣。林鴻明看了看身邊圍坐的好朋友，大膽提出一起組成聯盟投標的想法。

沒想到，原本是競爭對手的彼此，不約而同展現了高度的興趣。

你一句、我一句，沒上幾道菜的時間，大家就把股份認得差不多了。

看著好朋友們興致高昂的認股，林鴻明笑著說，「大家想要多少都可以，剩下的我全部吃下。」

林鴻明說，當時台灣房地產景氣正好，每一家企業其實都有獨立投標的能力。當時向好友們提起合作結盟的想法，大家竟然都興致高昂的積極參與，讓他頓時信心十足。

林鴻明說，「大家都有心，想為台灣的未來做一點貢獻。」

02 最強對手納入團隊

第二天，電話談論細節內容的聲響，迴盪在中華開發、和信集團、國泰集團、新光集團、華新麗華集團等各「股東」的辦公室內，進行內部確認。提出合作想法的林鴻明，也代表宏國關係事業扛下重任。不到四十八小時，企業聯盟的初步股權正式分配完成。

一頓例行的晚餐聚會、一群正值壯年的台灣企業家，兩度丟棄之後又頑強復活的標單，成為當時還不在任何人想像中，未來世界第一高樓的開端。

林鴻明成為準備投標「台北國際金融大樓」企業聯盟的召集人與主事者，首要的任務，當然是拿下「台北國際金融大樓」BOT案。

資金、組織、建築計畫……等各項事務，同時動起來。

林鴻明說，「決定投標，自然要先想競爭對手是誰？如果最強的對手都在我們的團隊裡面，那就沒什麼問題了。」

從競爭對手變成合作伙伴

經過一場飯局，以中華開發為主導，國泰人壽、中國人壽、新光人壽等壽險公司，都答應與林鴻明組成團隊。市場上最強的競爭對手，此時都變成了合作伙伴。

林鴻明說，「建設公司、銀行與壽險公司在地產投標上，一直都是處在競爭位置。」依據過往標地的經驗，建設公司因為貸款利息比銀行和壽險業高很多，資金壓力通常比較大，所以若是以價格標正面對決，相對處在弱勢。反觀壽險公司，除了滿手現金，資金成本也低於建設公司，在標地競爭上一直以來都是常勝軍。

李祖原說，「林鴻明告訴我，要和胡定吾一起去投台北國際金融中心。」與宏國長期合作的建築師李祖原，聽到這個消息後非常開心，馬上和林鴻明見面，了解情況、討論細節。

李祖原說，「要把所有最有錢的企業聯合起來，成為團隊，把敵人變伙伴。」他指出，投標就是比資金。錢夠多，勝算自然大。

從一開始覺得單一公司難以承做，到與好友同組企業聯盟，林鴻明始終認為，許多事都是上天有意的安排。

林鴻明說，「壽險公司資金雄厚，相信如果沒有受到限制，每一家都會想要自己投標。」這就是上天安排的第一步。

所謂的「限制」，指的是投標書中有明文條列，壽險公司最多只能占股五％，以及單一銀行股份超過三％，不能承做該案業務的規定。投標書的規定，限制了市場上最大的競爭對手，讓林鴻明有機會與壽險公司結盟，短時間內快速組成台灣企業史上最強大的企業聯盟。

台新銀行不想之後不能承做台北國際金融大樓的業務，釋出百分之二·五％的股份。

林鴻明於是認下三二·五％的股權，宏國關係事業成為最大股東。

此外，也由於壽險公司最多只能占股五％的限制，林鴻明必須招募更多金融團隊；並且根據台北市政府投標書的要求，由台灣證券交易所成為持股五％

的股東。

模擬投標，神明也加持

投標前有很多行政作業要進行，其中最重要的一項，就是模擬投標。位於宏國大樓十七樓的林鴻明辦公室，是作戰指揮中心。模擬投標之前，分別請三家壽險公司的投資部門各自分析，提出一組數字，宏國關係事業也出一組，一共四組進行模擬。

結果，國泰人壽給出的數字最高，大約是兩百一十二億元，新光人壽以兩百零三億元居次，宏國關係事業提出約一百九十二億元，中國人壽提出約一百八十億元。

林鴻明說，「投標有很多技巧，這個標案牽涉很廣，非常複雜。絕對不能用市場一般共同的想法。至少要多出三分之一的金額，才比較有保障。」

壽險公司和建設公司的財務結構不一樣。林鴻明說，「你會算，別人也會算；你想得標，別人也想得標。」仔細分析、研究對手是必要的功課，林鴻明當時認為，「想要勢在必得，就一定要用壽險公司的數字去做。」

因此，預估金額可能會落在國泰人壽的兩百一十二億元，以及新光人壽的兩百零三億元之間。取中間值為兩百零七億五千萬元。這遠高於宏國關係事業計算出來的數字。

林鴻明和宏國關係事業面對這個超過兩百億元的投標數字，唯一的感覺是「實在很瘋狂。」

投標單寄出前一晚，宏國大樓十七樓燈火通明。

面對這個瘋狂的數字，林鴻明和胡定吾等主要團隊成員仍在持續開會，討論最後的投標金額。

林鴻明的母親林謝罕見，在晚餐後回到宏國大樓。她看見林鴻明辦公室燈還亮著，敲門進去，見到一整間的年輕人，都快十點了還在琢磨最後的金額，想給大家一點鼓勵。

林謝罕見笑著說，等算好數字之後，她會拿去樓上佛堂「擲杯」（台語，擲筊之意），請神明幫忙加持，使得眾人笑成一團。林謝罕見的一句話，減緩了投標團隊的緊繃情緒。林鴻明說，「最後終於拍板決定的投標金額，真的拿去佛堂擲杯。一杯（台語，擲筊一次）就有了。」大家歡呼散會。

仔細研究、全面盤算、密集開會。經過不斷的討論、試算，做足各項準備之後，對於成功拿下標案，團隊還是沒有真正的把握。

震撼全場的投標金額

「台北國際金融大樓設定地上權開發計畫」分為資格標，以及價格標。一九九七年七月七日，展開資格標審查作業。審查重點在逐一檢查投標文件是否完備，並且初步確定參與投標的七組投資團隊資本額，以及成員的股權比例是否符合規定。

預計在四天後的七月十二日上午，正式開標。開標之前，評審委員會展開了一段密集的討論。原來是七組團隊之中，由國揚實業主導的「漢華國際開發」，在遞交的切結書署名中出現錯誤。委員們最後拍板決議，「漢華國際開發」資格標審查不合格。隨後，即依照寄件先後順序，逐一開啟六組團隊的價格標。

「台北國際金融中心企業聯盟」是第一個被開啟的標單，數字一出來，震驚全場。

緊接著是東聯開發，一百四十億五千九十九萬九千九百九十九元。第三個開出來的數字，是中華工程團隊的一百三十七億一千萬元。統一國際金融中心籌備處，一百三十九億九千萬元。宏福投資開發，一百七十二億八千八百八十八萬八千八百八十八元。最後一張標單是富邦銀行團隊，一百五十六億八千八百八十八萬八千八百八十八元。

這幾個陸續開出的標金數字，幾乎沒有人在聽，現場一片鬧哄哄。因為第一組開出的金額已使全場沸騰，議論聲不絕於耳。台北國際金融中心企業聯盟以比底價高出一倍的天價，拿下「台北國際金融大樓」設定地上權七十年的開發及營運權利。

兩百零六億八千八百八十九萬元。

一登場就撼動四方。

林鴻明後來遇到國揚實業掌門人侯西峰，侯西峰向他道喜。林鴻明說，「侯西峰對我說，他們的價格比我們多出一億元。要不是被取消資格，會是他們得標。」林鴻明慶幸，「還好他們蓋錯章。這是上天安排的第二步。」

得標後才是挑戰的開始

在確定得標之後，組成企業聯盟的十一家公司，正式於一九九七年十月一日成立「台北金融大樓股份有限公司」，與台北市政府簽定「台北國際金融大樓開發經營契約」及「台北國際金融大樓設定地上權契約」，包含了中華開發信託股份有限公司、中聯信託投資股份有限公司、捷和建設股份有限公司、華新麗華股份有限公司、台灣證券交易所、中國人壽股份有限公司、國泰人壽股份有限公司、國泰建設股份有限公司、新光人壽保險股份有限公司、台新國際商業銀行、林三號國際發展股份有限公司等。其中，中聯和林三號為宏國關係事業。

營運期間內，每年需付給土地租金兩億元給台北市政府。而在二〇六六年地上權存續期間屆滿時，基地內建築物及相關設施，都必須無償移轉登記給台北市政府。

終於順利拿下標案的開心與振奮之後，林鴻明的壓力及責任感立刻隨之而來。真正的挑戰與未知的旅程，才要開始。

一九九七年，也是暢銷書《哈利波特》（*Harry Potter*）問世的一年。同一年成立的台北金融大樓股份有限公司，並不知道自己有如書中剛進入魔法世界的「麻瓜」，接下來將面對重重難關。

從政府決定要在台北市重劃區空地打造國際金融中心的那一天起，人們根本不知道那些空地將來會如何使用，當然更不可能知道未來在信義區，在新命名的松智路與信義路五段交會口上兩塊看似荒蕪的土地，將會出現一幢世界最高大樓。

空地上的夕陽垂釣、蟲鳴蛙叫，都將成為昨日。

稻田、池塘與青蛙，將與所有人共同見證即將翻開的城市新頁。

03

從台北市最高，變成全球第一高

站在基隆路一段、信義路五段交叉口的人行陸橋上，林鴻明閉上眼。他的腦海中，出現一幢擁有大量通信及資訊處理能力的超高層建築。外觀和台北市中心的敦化南路、敦化北路、仁愛路、民生東路上的商業建築不會相差太多，也會有漂亮的玻璃帷幕外牆，以及穿戴整齊的上班族，忙碌奔走在修剪整齊的路樹之間。

一陣風吹過之後，林鴻明張開眼睛。往世貿中心的方向望去，信義計畫區仍是一片雜草叢生，工程車往來伴隨著沙塵飛揚；橋上的風太大，吹久了讓人頭痛。

以天價得標之後，考驗才真正開始。

林鴻明說，「接下來要面對的各種糾葛和細節，主要就是工程技術、建築設計以及資金籌措三大問題。」

意料之外的改變

投標之前，競標團隊已經做好一套可行的建築方案。台北金融大樓股份有限公司所提出的原始建築計畫，是由三幢大樓所組成。

確定得標之後，林鴻明滿心歡欣的去向中國信託董事長辜濂松報告這個好消息。

會在第一時間去拜訪，是因為投標之前辜濂松曾表示，中國信託想要一萬坪的辦公空間。另外，政府有意將證交所、證期會、櫃買中心一起遷入，需要另外一萬坪。

林鴻明帶著設計圖前往拜訪辜濂松，在辦公室寒暄、坐下之後，立刻報告得標結果，並且拿出三幢建築的設計圖，仔細說明未來的規劃。

中間一幢六十六層樓的超高層建築，用途為台北國際金融中心；前面兩幢各二十層樓的中層建築，互相獨立、不受干擾，預定給中國信託與台灣證券交

台北一〇一地上權招標時，得標方案為六十六層、樓高兩百七十三公尺、三幢建築的設計。

易所使用，可以滿足兩者各要一萬坪的需求。

聽完說明的辜濂松，皺起眉頭對林鴻明說，這樣後高前低的配置，主樓前面的兩幢中層建築樓層數又相同，「像是護衛著主人的兩隻小狗。」

六十六層樓前面的兩幢中層建築，被形容成一對護衛著主人的小狗，佇立在後面主樓的陰影裡。辜濂松不接受這樣的安排，希望林鴻明更改設計。

林鴻明說，「一萬坪的辦公空間，要改圖，是很大的工程。」然而，中國信託不願意進駐中層建築，他也不能勉強，只好再去拜訪另外一幢中層樓的預定單位，台灣證券交易所。

當時擔任證交所董事長的李仲英，也做出「如果中國信託不要，證交所也不要」的表示。

他對林鴻明說，「門口兩幢是一對，一幢沒有了，另一個單獨也很奇怪。既然要改設計，就一起改吧。」

三幢併成一幢

既然決定更改設計，李祖原向林鴻明提議，不如乾脆捨去這兩幢樓，將容積直接加到原本六十六層樓的主建築中，成為一幢超高建築。

當初規劃六十六層樓是取「六六大順」的寓意。李祖原提出將結構擴大、建築拉高，改成七十七層樓。團隊決議之後，一同前往台北市政府辦理變更設計，也向當時的台北市市長陳水扁報告。

沒想到，陳市長提出這樣的雄心壯志：高雄市已經有八五大樓，台北市既然要蓋超高大樓，最好樓層數能超越它。

每一座城市的執政者都希望，在自己主理市政期間，能落成一幢足以成為地標的建築，為市政團隊和政績加分。

當時台灣高樓建築的競賽指標是比樓層數，不比高度。

如果要超越八五大樓，寓意「發達」的八十八層樓是一個理想的規劃。數字當然可以一再往上疊，但是建築樓層往上加的同時，不只是設計圖需要重新規劃，工程造價也完全不在同一個層次。

李祖原認為，「不只是必須背負龐大的資金壓力。每一個環節、每一次決定，都會對最後的結果產生關鍵的影響。」投資團隊的領導者，必須要有追逐夢想的熱情，才有可能推動計畫前進。

其次，建築、營造團隊，也必須要有建造超高大樓的執行能力。

一九九八年一月十三日，由當時擔任市長的陳水扁進行動土儀式。

動土儀式之後，連續壁和基樁等大地工程緊接著展開。

很多事情的發生，是必然不是偶然。必然的發生，必須追溯到最初的起心動念。

促成台北國際金融大樓一再增高，雖然遠因是來自中國信託不願意成為高樓前面的「一對小狗」的偶然，但是最後走向一百零一層樓的必然，則要從林鴻明、林鴻道兄弟與李祖原曾經想在台北市中心，聯手打造世界最高樓的夢想說起。

曾經「花開富貴」的夢想復活

一九八九年十月，台北市立美術館的「李祖原建築展」，有一個建築模型名為「花開富貴」，大膽設計為地上一百二十六層樓，那是宏國關係事業林鴻明、林鴻道兄弟，曾經在台北市忠孝東路、復興南路口的一個開發構想（基地為現今的遠東SOGO百貨台北復興館）。

好不容易取得這塊市中心燙金地段的開發經營權，林鴻明、林鴻道兄弟想蓋的，不是一般的建築。

他們找來李祖原，計劃打造一幢極具企圖心的建築——樓高一百二十六層，集購物中心、企業商辦與商務旅館於一身的世界第一高樓，並取名為「花開富貴」。

為了這幢「花開富貴」，林鴻明、林鴻道兄弟投注許多心力與資金。

為此，他特別聘請紐約頂尖結構工程團隊宋騰添瑪沙帝（Thornton Tomasetti Engineers），擔任合作顧問。該公司是馬來西亞吉隆坡國油雙塔（Petronas Twin Towers）的結構設計者。也因為這次的合作經驗，雙方在台北一〇一再續前緣，對於工程品質和工程進度的掌握有很大幫助。

宏國關係事業大家長林謝罕見，更帶著林鴻明、林鴻道兄弟，一同前去總統府拜會當時總統李登輝，表明要在台北市中心，為台灣打造一幢世界最高樓的雄心。

結果，「台北市中心要蓋一百二十六層摩天大樓」的消息一出，媒體、輿論一片譁然。不少報導開始討論地震帶上高樓建築的風險，也有對於台灣營建技術沒有信心，認為宏國不自量力的批評。

來自輿論的壓力，再加上交通影響評估並未通過，以及納入周邊土地整合為更大基地曠日費時，最終決定放棄該項計畫。

「花開富貴」最終沒有實現，但是林鴻明想要打造超高建築的企圖心，依

一九九八年五月，台北一〇一基地連續壁工程沉澱池與鋪面整地施工。

然存在。

八年後，上天給了這個夢想重新復活的機會。

因為，台北國際金融大樓的建築計畫，在陳市長的鼓勵下，看來必須再度更改設計。這個改變，成為超高建築夢想實現的台階。

百尺竿頭，更進一步

各家股東齊聚林鴻明辦公室開會。過程中曾出現的設計方案，有八十八層樓、高四百二十八公尺的構想，也有李祖原以東方文化的「九九至尊」為極大數的概念，提出建造九十九層樓的想法，後來還曾出現一百層樓、高四百八十八公尺的方案。

這一幢注定要受到全台灣矚目的超高大樓，究竟要蓋幾層樓？會議室裡，各股東代表、建築師等激烈辯論。林鴻明說，「母親走過會議室，聽見大家正在針對樓層數你一言我一句，就走進來參與討論。母親提到，考試有在考九十九分的嗎？為什麼不考一百分呢？」

原本喧鬧的會議室，忽然靜默。

就在眾人對於這項提問短暫思考的同時，林謝罕見又直指核心的說，「之後如果有人提到世界百層大樓，這幢只蓋九十九層的樓就會被排除在外，無法名列其中。」

此話一出，當場就有股東附和。「九十九」雖然有「長長久久」的深遠寓意，但是一百層樓更加吸引人。林謝罕見坐在會議室中，一面聊天一面聽著大家討論。

就在幾乎都有共識，確定要蓋一百層樓的時候，林謝罕見又笑著說，「你們年輕人不要因為一百就自滿而停下腳步。圓滿之後，還要再出發，到達一個高峰之後，也還要繼續努力啊！」

這時候，有人大聲說出，「是指百尺竿頭，更進一步嗎？」會議室內激烈的氣氛頓時轉為亢奮的討論，所有人很快凝聚了共識。

衝向世界第一高樓

這幢計畫中的「台北國際金融中心」，在一九九八年七月，拍板確定要蓋一百零一層樓。以屋頂高度四百二十八公尺，加上六十公尺的塔尖，高度為四百八十八公尺為目標，已超過當時建築總高度世界第一的吉隆坡國油雙塔，它的高度為四百五十二公尺。

但是，現在的台北一〇一，高度卻是五百零八公尺。多出來的二十公尺，是怎麼長出來的？

打造一幢台灣最高樓的藍圖已經確立，但是團隊似乎對此並不滿足。根據世界高層建築與都市人居學會在一九九七年七月十日所宣布的四種高樓評定標準：「結構體或建築頂部高度」、「最高的使用樓層高度」、「屋頂高度」及「天線高度」，建築設計與結構工程團隊開始重新設計規劃。

林鴻明將眼光望向團隊，「有什麼理由不去挑戰呢？」

高雄市的八五大樓以及地上五十層的長谷世貿大樓，都出自李祖原之手，可說是台灣當時超高層大樓設計經驗最豐富的建築師。加上長期合作的永峻工程顧問公司，一起面對台北國際金融大樓世界第一的目標，林鴻明知道，「台灣絕對有足夠的實力可以完成。」

當時排名世界第二高的是美國芝加哥西爾斯大樓（Sears Tower；二〇〇九年改名為威利斯大廈〔Willis Tower〕），但它的屋頂高度是世界最高的四百四十二公尺。

李祖原說，「為了屋頂高度超越西爾斯大樓，因此追加二十公尺，建築物屋頂高度達到四百四十八公尺。」

因此，台北國際金融大樓在建築總高度、屋頂高度，以及最高的使用樓層高度，都成為世界最高。

想為台灣做點事

李祖原說，「如果只是想著快速回收利潤，絕對不會做出打造世界第一高樓的選擇，只有充滿理想和熱情的人，才會有這種瘋狂的決定。」

李祖原眼裡的林鴻明被歸類為「老實」一派，擁有執行許多大型建築開發計畫的豐富經驗。李祖原認為，要成就一幢超高建築，最重要的關鍵，是投資團隊的心意是否堅定。

人性本就存在往高處追求的企圖。從花開富貴到一百零一層的台北國際金融中心，再到挑戰世界最高的五百零八公尺，林鴻明與團隊這個決定的背後，就充滿著「要為台灣做事」的決心和理想。

台北國際金融中心以樓高一百零一層、高度五百零八公尺的計畫，在一九九九年一月，向台北市政府申請變更設計。

變更審查通過之後，經營團隊正式對外公開宣布，世界第一高樓，即將在台北誕生。

第二部——登高望遠，看天也看地

04

將國際頂尖工程技術留在台灣

消息傳開，台北要打造一座五百零八公尺的世界第一高樓。「世界第一」的名號，吸引全球頂尖公司將目光聚焦在台北。

投標之前林鴻明就已經知道，即將面對的是一項非常大的工程。得標之後，更改設計成為世界第一的高度，讓它變為更加艱鉅的挑戰。

林鴻明帶領的台北金融大樓公司，廣開國際標，國際一流工程團隊銜著世界第一高樓的光環，陸續前來台灣，爭取能夠一展長才的機會。

集結國際一流專業團隊

一九九八年十月，台北國際金融中心取得建築執照，一九九九年七月，主體工程開工。

秉持著「結合世界級一流專業團隊，共同打造出世界第一大樓」的想法，開工之前，林鴻明特別聘請風洞試驗顧問RWDI（Rowan Williams Davies & Irwin Inc.）進行風力試驗，並結合世界頂尖結構顧問公司宋騰添瑪沙帝及台灣永峻工程顧問公司擔任結構設計規劃，世界頂尖機電專業公司 Lehr Associates 擔任機電顧問，大陸設備工程顧問公司擔任機電工程設計規劃，全球性帷幕牆設計公司 ALT Design 擔任帷幕工程設計規劃。

建築設計由長期合作的李祖原及王重平的聯合建築師事務所負責操刀，並延請擁有國際多項重要工程營建管理顧問經驗的美國端拿國際實業有限公司（Turner International）為工程管理顧問，同時將整個工程期委託其執行專案及施工管理。林鴻明說，「這麼大的案子，我們沒有管理經驗，而且還有很大的時間壓力，必須追求管理效率。這都必須依靠有經驗的國際團隊一起合作。」

時間壓力，主要來自地上權七十年，計算方式是從簽約後地上權登記完成日開始計算。

對林鴻明與團隊而言，愈早開工才能愈早完工；完工之後進入正式營運，資本額巨大的台北金融大樓公司才會開始有收入。

在真正開始營運之前的每一天，都必須面對龐大的工程費用支出，以及讓人喘不過氣的銀行貸款利息。時間，就是工程期最大的壓力。

為了爭取時間，工程團隊一開始就決定採取「快速工法」（Fast Track），讓設計與營建發包雙軌同步進行。發包委託日商株式會社熊谷組、華熊營造、台灣榮民工程公司、大友為營造公司聯合組成的KTRT（Kumagai, Taiwan Kumagai, RSEA, Ta-Yo-Wei）合資公司，擔任台北國際金融中心主體工程的總承包商。

林鴻明說，「各種新做法，都是台灣營建業過去從未有過的創舉。」為了如期、如質蓋起世界最高樓，正所謂「十年磨一劍」，林鴻明多年累積的營建專業和眼光，在此刻發揮到極致。

只求能與「世界第一」合作

總包工程，最後決定交給以日商熊谷組為主組成的KTRT團隊，林鴻明說，主要的原因是，「熊谷組團隊直接把約二十億元的管理費，整欄歸零，展現出強烈企圖心。」

原本就在國際享有盛名的熊谷組，之所以主動捨棄高額管理費，就是為了展現勢在必得的決心。林鴻明一行人遠赴日本，在週六上午前往熊谷組拜訪，現場竟然已經準備好一個施工模型。林鴻明說，「社長帶著三十多位工程師向我們簡報，整個案子他們已經做了完整的研究。熊谷組以萬全準備迎接的態度，令我們感動。」

此外，全球主要城市摩天大樓之所以一幢比一幢高，電梯技術的日新月異，也是建築能夠愈蓋愈高的主要關鍵。

因此，各國著名電梯大廠摩拳擦掌，包括日本三菱（MITSUBISHI）、美國奧的斯（OTIS）、日本日立（HITACHI）、日本東芝（TOSHIBA）、瑞士迅達（Schindler）等等，紛紛向林鴻明團隊提出報價，準備爭取成為世界第一高樓的電梯合作伙伴。

參訪熊谷組之後的週日下午，林鴻明率領團隊到日本東芝洽談合作的可能性。東芝的總社社長親自出面接待，並且對林鴻明說：「我們擁有先進且可靠的技術，對於沒有舞台發揮，已經感到厭煩。」

社長親自帶領林鴻明團隊前往工廠，體驗已經研發完成的「世界最快速電梯」。

大樓愈高，電梯運行時晃動幅度就會愈大。「快速、穩定」早已經是電梯工程師致力追求的目標。

邊走邊聊，林鴻明半開玩笑的向這位社長提到，之前去參觀另一家日本電梯大廠時，廠方代表當場拿出一枚百元日幣銅板，直立在電梯裡，結果硬幣並沒有隨著電梯的運行而倒下，穩定性讓人印象深刻。林鴻明對這位社長說：「如果你們也能夠做到銅板不會倒，就把這件事寫進合約，將來當作驗收的條件之一。」沒想到，社長不但爽快答應，還加碼提出更好的合作條件。

林鴻明表示，「各家廠商報價都在二十億元上下，也有為了爭取訂單主動降價到十二、十六億元的公司。但是這位社長直接開出一口價，八億八千萬元。」

根據多年工程經驗，林鴻明知道電梯成本價大約落在十一到十二億元。一口氣就給予如此大的讓利空間，他當場請教社長，為何願意以遠低於成本的價格爭取這筆訂單？

東芝的社長，豪氣的向林鴻明說明箇中緣由，「如果能夠為世界第一高樓打造電梯，向全世界展示我們引以為傲的高速電梯，這筆廣告費，值得！」後來才知道，參訪當天，是社長本人的生日。

在生日當天親自招待、主動降價，就是希望為已經研發完成的高速電梯，爭取「世界第一」的國際舞台。林鴻明說：「感動之餘，也強烈的感覺到，日本的兩家公司不約而同犧牲利潤，積極爭取合作機會，使我們要在台北興建世界第一高樓這件事，格外任重道遠。」

鑽岩盤，欲速則不達

要完成一件史無前例的事，不但過程艱苦，天時、地利、人和也很重要。當時台灣沒有人蓋過世界第一高樓，要能完成這項創舉，許多事情都必須依靠專業團隊。

施工項目多又複雜，工程團隊除了台灣本地廠商，其他還有來自美國、日本、德國、義大利、法國、韓國等國家的團隊。德國 BAUER 是其中之一。

主體工程正式開工之前，基樁、連續壁工程等大地工程已經先行展開。林鴻明說，「一開始我們就找來全世界最會打基樁的德國 BAUER，他們也很興奮能參與這個案子。」沒想到，德國團隊鑽了幾天，機械軸心斷了好幾次。

將基樁打入地下，依靠的是一種巨大的螺旋鑽桿，旋轉鑽入地下，再反向旋轉帶出泥土，鑽出可澆置混凝土的坑洞。一百零一層樓高的建築，基樁必須穿過鬆軟的表土層，將載重直接託付給深處的岩盤。

林鴻明說，「在鑽進岩盤的過程中，德國人的鑽頭一直斷。反覆幾次之後，最後無解，只好宣告撤場。」台北有基樁的大樓很多，宏國大樓就是其中之一。他指出，「德國團隊的機械設備可能更快、更先進，但是碰到岩盤，卻面臨欲速則不達的困境。」

相信專業，創造另一種成功的價值

全世界公認最有名、最會打基樁的德國公司決定撤場，工程團隊必須即刻找到新的公司以接續施作。

台灣對基樁工程並不陌生，只是台北國際金融中心的大樓最深處要深入地下八十公尺、約二十層樓的高度，以堅硬的岩盤承載之後高樓的重量。也就是說要鑽得比以前做過的更深。林鴻明反向思考，或許德國團隊做不到的事，台灣團隊做得到。

他決定力邀曾經合作的同豐營造，前來救場。

同豐營造以土法煉鋼的方法，慢慢推、慢慢磨，反而得到更好的效果。林鴻明指出關鍵所在：「能把基樁打進去岩盤，比什麼都重要。」最後，在堅硬的岩盤上，裙樓和塔樓分別打入一百六十六根及三百八十根、每根直徑為一點五到兩公尺的基樁，「其中有三十多根是德國團隊完成的，其他都是台灣團隊努力的成果。」

基樁工程非常重要。原本工期求快，然而在遇到挑戰時，林鴻明逆向思考，使得「慢」反而成為優勢。「雖然多花了幾個月的時間，但是德國團隊沒做到的事情，台灣團隊做到了。」

相信專業，是林鴻明在工程、營運期間，帶領團隊面對問題、解決問題的基本原則。

對一名領導者而言，完成最終目標，當然是最重要的目的。但是，如果能夠在過程中相信不同團隊的專業，與團隊一同成長，共同創造經驗，則是另一種成功的價值。

要把技術留在台灣

基樁完成後，主體工程的結構施工、混凝土澆灌、鋼構組裝、風阻尼器系統安裝、高速電梯裝設等工程，隨著進度陸續展開。

當時廣開國際標，但是「必須與台灣本地廠商合作」，則是工程團隊對國際廠商設下的投標條件。

鋼構工程，由中鋼及新日本製鐵株式會社（簡稱新日鐵）共同執行。包括最後備受矚目的高難度塔尖頂升工程，也是由中鋼與新日鐵聯合承攬。

東芝集高科技於一身的智慧型超高速電梯，上升速度每分鐘可達一千零一十公尺，從五樓到八十九樓高度三百八十二點二公尺的觀景台，只需要三十七秒，是與台灣崇友實業合作安裝。林鴻明說，「兩座控壓的觀景台直達電梯，保持世界最快速電梯的紀錄長達十二年，是最值得驕傲的設施之一，總算是不負眾望。」

五百零八公尺高、一百零一層樓的超高建築，是一項非常艱鉅的工程，每

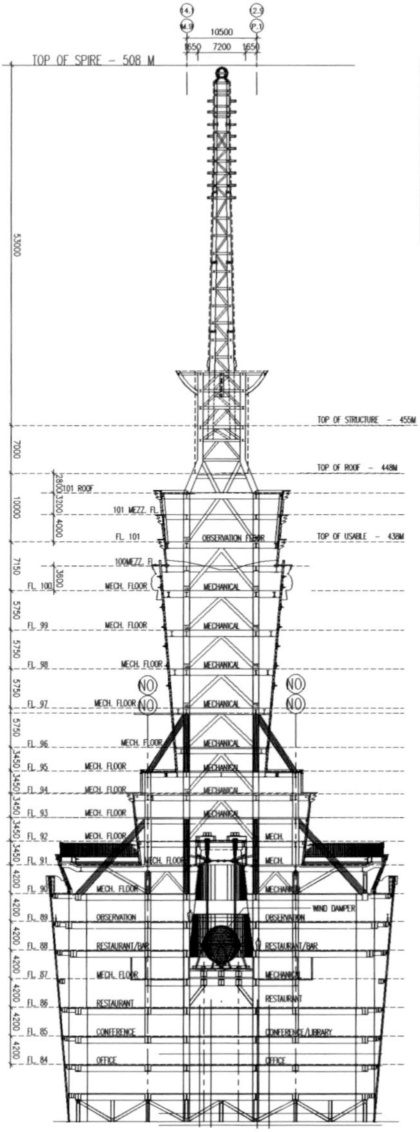

高層立面構架示意圖
FRAME ELEVATION ABOVE LEVEL 84

台北一〇一的高層立面構架示意圖。第一百零一層之上的塔尖頂升工程，難度很高，是由中鋼及新日本製鐵株式會社共同執行，以國際合作的方式，為台灣留下寶貴的營造經驗。

台北一〇一以每分鐘最快達一千零一十公尺的速度，獲得金氏世界紀錄世界最快速電梯認證。

一個環節都要扣得非常縝密才能做到。

設計階段有美國顧問公司，風洞試驗在加拿大完成，專案及營建管理顧問也是美國公司，澳洲公司負責商場規劃，總承包商及鋼結構、電梯廠商是日本公司，帷幕牆由德國嘉特納（GARTNER）承攬，風阻尼器的油壓系統分別由法國及義大利廠商供應，韓國三星（SAMSUNG）企業則承包了大樓內公共區域裝修工程。

林鴻明說，「專案營建由美商端拿管理，日商為主的KTRT負責營建工程總包，之後負責商場規劃的是澳洲聯盛（Lendlease）集團，幾乎每個項目，都有台灣團隊的參與。」林鴻明強調，本地強大的營建團隊，發揮了不輸國際專業的工程水準。例如台灣地震多，永峻最懂台灣的地震，工程技術也很強。

透過與台灣本地廠商合作，將國際工程領域值得學習的專業技術留下來，提升台灣的營建技術達到世界級的水準。

這更是林鴻明對台灣這塊土地的用心。

05

氣韻生動的東方理念

台北一〇一大樓坐北朝南，正面面向信義路。以八個「斗」疊出的造形，或許是台北一〇一最為人稱道的特色。

能將天與地融合起來的「高」

如同通天寶塔一樣的細長外觀，也形似象徵節節高升與韌性的竹子。以東方文化中偏愛的發達和發財數字「八」為單位，八層樓為「一斗」，「斗」又是傳統蓄積糧食財富的容器，大樓外飾的如意造形，如此以節節高升、「財」高八斗、吉祥如意為寓意，並與大樓設計的三大主題：視野景觀、結構因素與安全考量，完美結合。

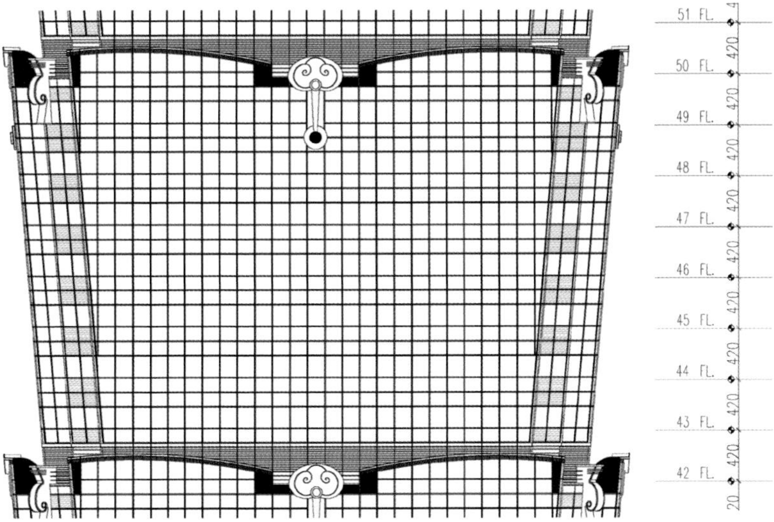

一「斗」有八層樓。圖示為第四十二至第四十九樓為一斗。

建築師李祖原說，「『形』，是建築設計最難的問題，其他的講起來很容易，不是技術問題，就是錢的問題。」

李祖原認為，「形是無中生有。除了要原創，還要有個性，重要的是看起來心生歡喜，這非常艱難。」要興建一幢有代表性的超高建築，除了資金、技術要到位，藉由外觀所表現的文化思維與象徵意義，是最困難卻也最重要的部分。

林鴻明堅定的說，「要做一件這麼大的事，一定要用台灣的建築團隊。」宏國建設、李祖原建築師、永峻工程顧問公司，長久以來在房地產業界有著鐵三角的合作關係，彼此也培養出很好的默契與信任。

若是沒有林鴻明的執著、敢下決定，不會有台北一〇一的誕生；同樣的，若是沒有李祖原堅持的東方思維，也絕對無法造就出台北一〇一宛如繁花綻放、節節向上，終至花開富貴的新視野。

李祖原說，「我們面對的是一場世界級的競賽。第一，必須要有一個故事；第二，要有自己的個性；第三，一定要有端得上檯面的格局。」

建築設計的核心，回歸基本，必須富含文化語彙。要在台北興建一幢具有代表性的超高建築，在李祖原與團隊的心中，將文化內涵融入，以登高望遠表現出寬闊與包容，是設計上最重要的核心概念。

西方超高大樓強調拔地而起、劃破天際的崇高感。中華文化對高的概念，則是類似竹子的節節高升，隱藏著成長的寓意，也有登高望遠的概念。李祖原說，「這種高，比較平和，能將天、地融合起來。」

打開超高建築的發展史，一開始是技術的展現，隨著工程結構、建築材料的日新月異，技術發展成熟到一定的程度，超高建築也演變到美學的層次，進而成為美學文化的表達。

技術可以透過交易取得，但是文化美學卻難以複製。面對超高大樓的世界級競賽，設計上一定要有屬於本地文化的個性。李祖原說，「要有韻味，要讓人一眼看出，這是一座東方城市的建築。」

氣韻生動，是李祖原認為藝術創作最終必須要有的靈魂與表現。氣，是建築的格局與氣勢。李祖原說，「歐美建築師設計的高樓都很有氣勢，一根通天，但是沒有韻。」韻，是一種起伏，也是吟唱詩歌或是音樂的一種節奏。他強調，「我們東方人最在乎的就是韻律。韻，也是時間的意思。我們常說建築是凝固的音樂，指的就是韻律。」

登高望遠，看天也看地

八個「斗」，是自第二十七層的第一個「斗」，至第九十層的第八個「斗」，共六十四層。取八為「發」的諧音，以每八層為一個結構單位，稱為一斗。「斗」是古代計量的容器，取「日進斗金」之意，象徵財富萬貫，並彰顯國際金融中心的定位。

李祖原說，「八層樓做一個有斜邊的斗，每一個斗底下是結構層，一斗一斗疊起來，這樣就很有韻律。我們是利用『段』，來成就建築外形的律動。」

每一斗最上方樓層飾有彷彿銀色雲朵的「如意」，象徵平安與幸福。

台北一〇一和西方摩天大樓的建築外形相比，基本上就是「段」的差別。

做為一個超大建築結構，八層一斗的每一斗最下面，都規劃為結構層。李祖原進一步說明：「除了自然化解高樓引起的氣流，每一層往外傾斜擴張的平台，最後也又回到觀景、瞭望的概念。」

李祖原心中的「登高望遠」，不光是要看天也要看地。所以一定要用到「斜」的做法。「斜，比直難做。所以只能小小的，一個一個斜上去。」

第一個斗是以第二十五、二十六層樓為基座，四面有著以現代設計重新詮釋的四個巨大古銅錢造形，象徵繁榮與富饒，也寓意在其中上班的每位工作者都「才高八斗」；而每八層樓飾有金屬的銀色雲朵，是象徵「如意」的造形。

建築面外斜七度，形成層層往上遞增的多節式外觀，以及摩天大樓設計的新律動美學，除了展現出竹子柔韌有餘、節節高升的韻律感，也回到最初登高望遠的意象。

結合文化內涵的建築技術

除了展現文化內涵，也要能精準結合建築技術。

沒有人能在設計之初，就一筆畫出最後的樣子。所有的設計過程，都來自一連串從無到有的探索與永無止境的追尋。

李祖原說，「開始的時候，沒有人知道最後的呈現會是如何。」李祖原和建築設計團隊只能一直試，試了無數次，做了幾十個模型，不斷修正方向。以每一個斗的呈現為例，究竟要以當代手法的直線，還是以偏向東方律動感的方式呈現，就爭執、辯論了好幾個月。

眼前的夢想，像是遠方的指引，不放棄嘗試，或許就能看見夢的輪廓。李祖原說，「過程非常辛苦，從最初設計到全部定案，花了將近一年的時間。」以如意、龍、鳳凰，展現喜慶、親民，保護家園的圖騰意象，也有安心、護持、有鳳來儀的寓意。

塔樓一斗一台的漸進，到最上面拴起來，符合中華文化中「數」的概念，有「一花一世界，一台一如來，台台皆世界，步步是未來」的含義。裙樓隱藏著形似如意的鳳凰尾巴，有人形容像是靈龜馱塔，都是東方意念的呈現。

創作就是一個不斷修改，慢慢靠近理想的演進過程。

每天從早上十點到晚上十點，建築設計團隊幾乎都在開會討論。

所有的進度必須一直往前走，很多事情需要快速決定。

減少風力影響，獨特的外觀設計

造形大方向確定之後，還有小方向及許多細節。窗戶是要一米二還是一米五？要高還是低？材質的選擇也和玻璃性質、風壓息息相關。一切的選擇都要一再進行研究、試驗。

許多的變數和困難，不斷對工程團隊提出考驗。唯有依靠各領域菁英的專業技術與經驗，不斷腦力激盪，才有機會呈現出完美的結果。

例如，許多人都注意到，大樓的四個角，是鋸齒狀的「W」。這並非建築師最原初的設計。

建築外觀設計完成後，林鴻明親自帶領團隊，到加拿大RWDI風洞實驗室進行測試。

針對實驗結果，RWDI風洞實驗室在考慮載重、擺動，以及兼顧安全與舒適性的前提下，提出幾項改善方案，其中根據最佳化數據提出的建議，是將邊角修改成圓形。

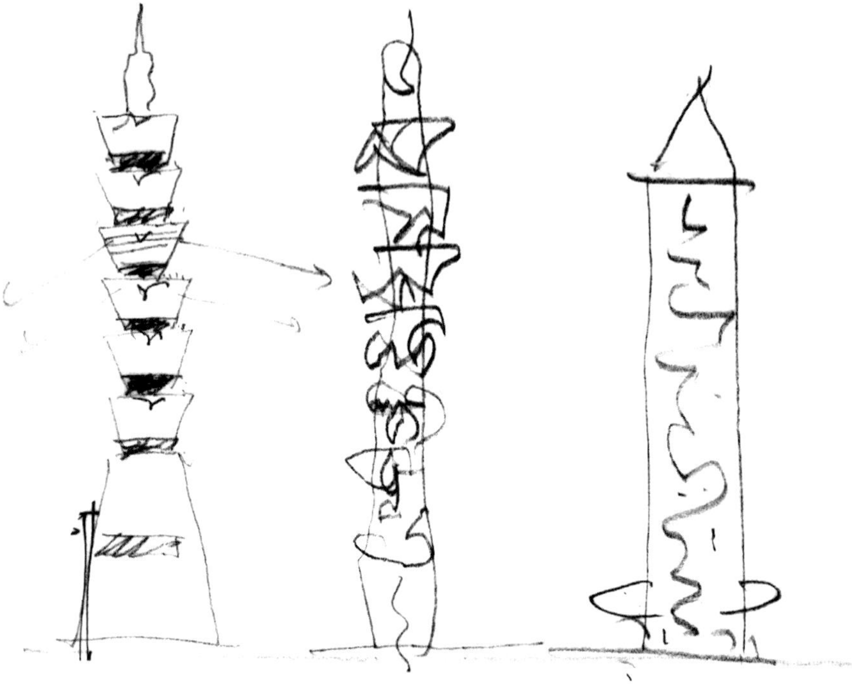

建築師李祖原為台北一〇一外觀發想的手繪稿。將建築「空間」轉化為具有「時間」感的造形。

現任顧問一職的永峻工程顧問前董事長謝紹松，是台北一〇一結構設計及監造專案負責人。當時，他以結構技師的角度，認同以最佳化數據的圓形外觀為第一選擇。

但是，建築師卻有不同意見。

於是，林鴻明、謝紹松、李祖原三人，立刻在現場開會討論。最後決定，將外觀的邊角切成「W」的形狀，不但順利通過風洞試驗，也保留了設計上想要表達的意念與美感。

從來沒有簡單的考驗。只有困難，以及更困難。在台北一〇一興建過程中，每一個問題都要從整體角度去思考，也從來沒有簡單、方便的解決方法。將邊角切成「W」，原本只是為了將風力對大樓的影響降至最低，沒想到卻成為摩天大樓獨特的造形設計。

李祖原認為，努力、認真都是基本功，但是很多問題並不是努力、認真就能解決，「這時候，主事者能不能勇於下決定，就非常關鍵。」

而留給林鴻明的決策，往往和投入及營運成本有關。

「超高層大樓，一般每十五層或二十層樓才會有一個設備層，」李祖原說，為了安全考量，每一斗最下方的結構層，同時都規劃為設備層，「不但多花很多錢，還會減少很多可供營運的空間。這一定要業主支持才辦得到。」

原以為是捨，結果獲得更多

在每一斗，利用一層樓空間設置的設備層與平台，初衷是為了結構安全；沒想到之後卻發揮了施放跨年煙火，以及逃生避難層等其他價值的作用。

原來，為了對抗強風、地震，台北一〇一採用了巨型結構（megastructure）。這種類似竹節構造，縱向的巨柱和其他柱相當於竹子的外壁，橫向的巨型桁架則相當於竹子的竹節。

「不但兼具強度與韌性，中空的部分也讓平面空間變得非常寬敞、更好使用，」林鴻明說，也因為巨型結構，讓建築師有創作空間，可以發揮出「每八層樓一斗，一共八斗」獨步全球的設計。「這八斗的設計，表面上看起來犧牲了一整層的空間。但是之後發現，這樣的設計發揮了很多很好的作用。」

台北一〇一是一個沒有前例可循的開創性建築。除了建築師、結構設計師，營運團隊也必須在這個案子裡不斷創造新的思維，轉換新的觀念。林鴻明說，「工程期間遇到非常多的難題，都是靠著團隊不斷想辦法解決。」許多過去經驗無法解決的問題，轉換一下觀念，再加入一點創新，就能得到比預期更加合適的結果。

將整幢台北一〇一，當作從台灣頭到台灣尾的高鐵列車來看。林鴻明說，「高鐵就幾個大站，大站和區域之間的連結，靠的是火車和巴士連結。假設沒有一斗一斗的設計，水箱若是必須設在一百樓，水落下來的時候會有非常大的壓力。」他補充，「現在以一斗為單位，每八個樓層有一個可以當作機電設備的樓層，解決很多麻煩。每一斗的戶外平台，不但可以當作逃生避難通道，之後還能放煙火，一平台多用，非常值得。」

林鴻明說，「一開始設計的時候，根本沒想到以後有一天會放煙火。」除了放煙火，每一斗的設備層也設置避難逃生空間，平台也為緊急疏散路徑提供另外一條路線。每一斗的設備層和平台，之後都增加許多原本沒想到的附加價值。對林鴻明而言，「原本以為是捨，結果獲得更多。」

另外，以「天圓地方」展現東方韻味的裙樓空間做為購物中心，中間有天光、頂樓有廣場，林鴻明更希望動線上的每一家店都能被看見。原本天光不夠動感，為了追求完美，得到林鴻明的支持，多花兩億元更改設計，最終以一根一根的龍骨造形，讓灑下的天光可以在空間中自然律動。

這使得台北一〇一不同於其他低矮的購物中心，裙樓四樓挑高四十米的高度，氣勢磅礡。不僅成為獨特的工程美學，也為建築立下了世界級的標準。

理想，決定一切

李祖原說，「天光、龍骨，都是很難得的機緣與設計。這種機會，可遇不可求。」

他強調，「一幢建築，通常都要十年以後才會被大多數人認同。一出來就被認同、沒爭議，那就是沒有突破、沒有創意。很多人都想不開這一點。」

建築師和所有藝術創作者一樣，作品都源自於個人生長背景（personal history）、專業經驗（professional history）以及文化底蘊（culture history），李祖原認為，透過這三項特質的互相碰撞、融合，自然能設計出擁有獨特性的建築物。

能夠完成台北一〇一，李祖原認為，主要還是源自三個面向的累積：「一是東方文化深度，二是工程技術精良，三是社會經濟的實力。」

李祖原堅持的東方思維，造就出台北一〇一宛如繁花綻放、節節向上，帶著整座城市登高望遠的新視野。外觀的氣韻生動以及在世界超高層大樓中的獨樹一格，讓全球許多知名建築師辦公室都掛有一張台北一〇一的照片。

台北一〇一的獨特性，在於是世界第一高樓，同時肩負代表台灣走向世界的使命。

有夢想家的意念，也要有實踐者的執行力去完成。李祖原說，「若沒有林鴻明的執著、敢下決定，不會有台北一〇一的誕生，這種挑戰世界的建築，最終就是理想決定一切。」

歐美超高樓不常見的避難層

一層層疊起的佛塔，是富含東方意象的代表性建築輪廓。每層佛塔的底部內縮，就是台北一〇一每個斗的造形。這使得每個斗的底部，都會有一個平台。

這個平台，連接著兩個避難室，提供緊急疏散的中繼站。李祖原的設計所融入的避難層概念，在歐美並不常見。

台北一〇一的避難層設計，可能遠超過任何一幢摩天大樓。

06

史無前例的工程挑戰

偶有停下腳步的行人，抬頭往上看，只見天空中有工程人員、建築材料與機具等忙碌移動。這些在高空作業的工程人員，雖然忙碌，但對於工程的難度與高空作業的安全等挑戰，並不受擔心等情緒影響。

一節一節的箱型鋼柱，被大型塔式起重機（塔式吊車）吊起，緩緩上升。到達一定樓層之後，安裝作業人員已經在預定安裝位置就位，慢慢指揮塔式吊車將鋼柱移動至預定位置，並穿鎖鋼柱接合處之高強度螺栓，將構件固定。

隨著建築高度增加，塔式吊車也跟著逐漸爬升高度。

安裝作業人員及部分物料，搭乘施工電梯上下工作樓層。到達施工樓層後，每位工作人員都會穿戴防止墜落的背負式安全帶，並配合吊裝進度，在每樓層鋪設水平安全網、安全母索等安衛設施，確保高空作業的工作人員都能有充分的防護設施與使用個人隨身防護器具，安全無虞的進行鋼構高空作業相關螺栓鎖固、電銲與各項查驗作業等。

特殊的巨型鋼柱支撐結構

林鴻明說，「特別困難，事事困難。台北一〇一從無到有的過程，也是所有專業建築工程團隊的互動過程。」

建築師構思外觀與平面，結構設計團隊將數據輸入電腦，根據多項因素，由設計團隊決定最適合的結構、機能、空間、電梯數量等各項需求。林鴻明指出，「當時所有的建築技術，在台灣幾乎都是創新，工程期間就是日日循環的 3C 作業，以溝通（communication）、協調（coordination）與整合（cooperation）來解決各項問題。」

塔樓主要結構配置是由「井字型」四周外圍、每側兩支、共八支的巨型鋼柱（mega column）支撐結構，每支巨型鋼柱最大斷面處為二點四公尺乘以三公尺，由一節一節的箱型鋼柱以高強度螺栓與電銲續接組合，再灌入高性能自

台北一〇一的高空施工作業極具挑戰性。

充填混凝土（SCC）建造而成。

塔樓區鋼構工程由地下五層到地上一百零一層，共分三十五節，其中地下室為兩節、地上層為三十三節。所有箱型鋼柱是採用特製高性能鋼板（TMCP），巨型鋼柱現場接頭處銲接時，必須由六位完成AWS銲工資格檢定、領有證照的合格電銲工，同時使用半自動銲接設備（FCAW）進行接頭銲接作業。

台北一〇一塔樓結構工程，光是將三十三節箱型鋼柱使用半自動銲接機具設備的作業時間，就用了兩年才完成，期間包含因為下雨、強風等天候因素無法作業的時間。

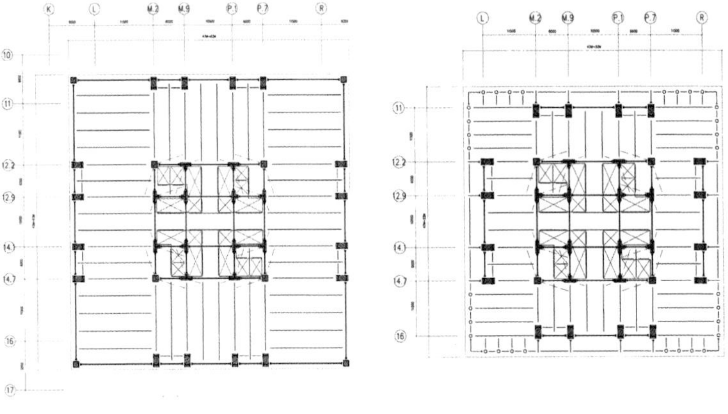

巨型構架系統結構平面圖：低層區（左）及高層區（右）。

每一節巨型鋼柱的重量，最高可達九十公噸，使用兩部當時訂製的澳洲進口世界上最大塔式吊車（FAVCO M1250D）進行吊運揚升作業，每一次的揚升作業，都相當於一千位九十公斤的成年人一起乘坐電梯的重量。

台灣超高層建築最大挑戰：地震及颱風

謝紹松說，「最開始只確定要蓋一百零一個樓層。」在規劃過程中，建築師設計出幾十種外觀的構想，結構工程師也要配合執行相對數量的結構設計。從投入的第一天開始，工程團隊所有人等於被綁在一起不停的往前跑，很多作業都是同時進行。他指出，「直到決定要用巨型結構和快速工法之後，才算是有了初步的確定。」

李祖原說，「簡單來說，摩天大樓就是把帷幕牆、結構、電梯和機電消防組合在一起的大樓，其中結構最重要。抗震、抗風、安全、舒適都和結構設計密不可分。」

風力對抗，是超高建築在結構設計上最大的難題。但是在台灣，除了面對高樓風力，還要面對夏天來自太平洋的颱風、冬季的東北季風等風力，以及不可預期的大小地震。林鴻明認為，台灣處在地震帶，也是強烈颱風帶，世界上幾乎沒有一幢超高大樓像台北一〇一這樣，必須同時面對這兩樣最嚴苛的自然條件考驗。

颱風加上地震，讓台北一〇一挑戰世界第一高樓之路上，更是難上加難。

五百四十六支基樁，最深達八十公尺

超高大樓要能抗風是結構的基本要求，但是在台灣，抗震才是最主要的設計工作。

台灣位在地震帶上，台北盆地土質鬆軟，地基的穩固是將來一百零一層樓最重要的基礎。

「鬆軟的地層遇到地震，就會像是豆花搖晃一樣擺動，」謝紹松說，若是遇到超級大地震，建築物很有可能因此變形。為了避免發生地震之後，可能發生土層晃動而導致結構損傷，台北一〇一的基樁必須穿過相對鬆軟的地層，直接深入岩盤。

塔樓與裙樓下，分別有一百六十六支直徑兩公尺，以及三百八十支直徑一點五公尺，平均深度七十公尺（塔樓區基樁平均貫入岩盤二十三公尺）、最深達八十公尺，一共五百四十六支基樁。

塔樓採用雙順打工法，裙樓則採用逆打工法。

雙順打工法，是指鋼結構從地下室基礎版往上依序安裝的同時，鋼筋混凝土（RC）等樓版結構體作業也同時從基礎版與一樓樓版，分成兩個工作面同時進行，由下往上逐層施工。

逆打工法，則是先構築一樓樓版結構體做為施工工作面，再同時往下（B1F以下）進行地下樓層的土方開挖與樓版結構體施工，及地上樓層（2F以上）之鋼構安裝與樓版結構體等施工，也一起分成兩個工作同時進行。

「利用基樁施作時打進放入逆打鋼柱，以做為一樓樓版結構體支撐，然後就可以進行地上、地下同時開始施工的逆打工法，」林鴻明說，採用逆打工法成本比較高，但是卻相對安全，也能縮短工期。

林鴻明說，「台北一〇一的基樁密密麻麻，全部深入地底下的岩盤裡，工程難度可想而知。」

耗費十五個月，挖出約一百萬公噸的土。

基樁、連續壁等基礎工程，都是台灣工程團隊獨立完成。林鴻明認為，這對於之後台灣營建技術的提升與自信心，都有很大的幫助。

把混凝土泵送到四百四十八公尺的大難題

技術的精進，很多時候來自必須解決問題的需求。隨著建築物愈來愈高，如何將混凝土泵送到高樓層處，成為工程團隊另外一項艱鉅的挑戰。

除了八支巨型柱的箱型鋼柱，一節一節往上升，所有箱型鋼柱內都灌注高性能自充填混凝土，因此泵送混凝土的難度也愈來愈高。林鴻明說，「當時六千磅自充填混凝土已經算是強度很高。台北一〇一要用一萬磅自充填混凝土，怎麼打上去，真的讓大家想破了頭。」

高性能自充填混凝土強度愈高會愈黏稠，太過黏稠就會很難運送。「混凝土遇熱會凝固，從地面往上泵送四百公尺，很可能會在泵送途中因為摩擦生熱導致凝固，甚至爆管，」林鴻明說，「當時KTRT與台大教授們，一起針對這些問題做了很多研究跟實際模擬試驗與測試。」

歷經九個多月的配比試拌與廠拌調整、實體模型泵送試驗，以及持續在預拌廠模擬高樓泵送的實際作業，不斷的嘗試與修正，在確保高性能混凝土品質與施工性的條件下，最後決定採取並選用具有充分泵送能力的專用泵送車（德國進口），使用鐵件固定於一樓的樓版，以抵抗泵送產生之反作用力，確保泵送車能充分將混凝土泵送到最高樓層處的方式，才終於解決這個大難題。

林鴻明說，「混凝土泵送高度到達破紀錄的四百四十八公尺時，負責施工的力泰老闆吳良材看著我說，台灣能達到這樣的技術，真的是感動得要掉下眼淚，也很高興力泰能夠拌合出滿足施工性的預拌混凝土。」

直到現在，力泰仍以曾參與台北一〇一的工程為傲。在不少建築工地，經常可見寫著「一〇一優良協力廠」的力泰預拌混凝土車，穿梭在城市中。

成就台灣營建業創舉

台北一〇一地上結構體包括一百零一層的塔樓，以及一幢六層的裙樓，兩棟結構體在地下五層樓相連，地上二樓以上以伸縮縫連接。

塔樓的四面外側，各設置兩根從地下五樓直通到地上九十樓的巨柱。巨柱除了都用鋼板製作的箱型巨型鋼柱外，巨型鋼柱內放入鋼筋籠，再灌入一萬磅的高性能自充填混凝土。林鴻明說，「當時許多工法與建築材料的開發與設計方式，都是台灣營建業的創舉，同時也應用在目前台灣大部分的高層大樓建造案例中。」

塔樓主要採用巨型結構系統，樑、柱、斜撐都以鋼構為主，整座大樓鋼結構重達十萬七千公噸。林鴻明說，「鋼骨結構支撐整座大樓，強度、韌性都非常重要。」台北一〇一使用的高性能鋼板，是由台灣的中國鋼鐵公司研發，並與日本新日鐵公司一起生產，供應相同規格的鋼材產品。

像是裙樓六樓的屋脊，跨距超過七十公尺的如意造形桁架，必須由四支淨高四十公尺的造形鋼柱，從四樓的都會廣場向上支撐，才能營造出寬闊宏偉的氣勢。

如意造形屋脊構造複雜，必須事先在中鋼高雄廠區進行分段製造後的假組立，確認無誤後，再載送到台北工地順利組裝，無論是材料還是技術，中鋼結構公司以超強的研發能力與努力，協助工程團隊克服很多困難。

此外，為配合超高層建築施工，在塔樓信義路的那一側安裝了人貨兩用的施工電梯，當初是利用塔式吊車組裝，一直組裝至地上九十一層，這個高度也

為便於施工運送人員及物料，安裝至地上九十一層高的施工電梯，高度為世界創舉。

是世界創舉。

除了颱風和地震，必須與時間賽跑的工期，也為這項浩大工程增加許多史無前例的挑戰。

快速工法，設計與施工同時進行

林鴻明說，「這個案子採用快速工法。」時間就是成本，銀行利息是很重的負擔，這也是不得不採用快速工法的考量之一。設計和施工同時進行，工程費用相對會提高，但是能有效壓縮工期，對有時間壓力的營運團隊而言，快速工法是以投資成本換取營運時間的好選擇。

林鴻明說，「節省時間，就是節省利息，非常時期就只能用非常手段。」壓縮工期，自然要付出更多的工程費用。但是傳統方法、或是最節省成本的方法做不到的事，就必須要用特殊方法解決。

謝紹松說，「邊設計邊施工，管理顧問頻頻催圖，從一九九七年拿下標案開始，到二〇〇四年年底塔樓開幕，整個工程期間幾乎沒有個人生活，一直被時間追著跑。」外觀、結構框架等大方向確定之後，其他細部都是設計、施工並行。謝紹松表示，「每天要解答施工單位的問題，被專案管理單位（PM）追著要設計圖，只要稍微慢下來，現場施工的工程進度就會對設計進度造成極大壓力。」

巡視工地的時候，林鴻明都會問現場同仁：「有沒有什麼問題？我當場幫你解決。」因為他認為，「解決問題為第一優先。」現場工程出現問題應該要直接反應，而不是等開會。工程會因為每一個環節的小等待變成大等待，無論是工地還是包商，有問題不立刻處理，最後就會為整個團隊拖後腿。

匯集世界一流工程公司的經驗，在邊設計、邊施工的模式下，從結構設計到監造施工，台北一〇一不斷挑戰許多台灣第一。

例如，特殊鋼板（SM570M）及銲材（E80級）的研發與量產、不同介面與工法的地下深開挖工程、四點七公尺厚度實心基礎版，一萬磅高性能自充填混凝土柱內灌漿，以及四百四十八公尺高度的巨柱柱內灌漿等等。

謝紹松說，還有巨型柱分節與吊運設備規劃、巨型鋼柱製造、電銲工法與銲接程序，以及裙樓超過七十公尺跨距的造形屋頂桁架製造與安裝。他表示，「直徑五點五公尺的風阻尼器採用分層、分段預組，吊上去定位後再銲接成形，以及最後五百零八公尺的塔尖頂升施工等工程，每一項在台灣都是史無前例的挑戰。」

巴比倫人打造巴別塔，想要通天。台北一〇一挑戰世界第一高樓，則是為了讓世界看見台灣。

現任華熊營造副總經理林培元，當時是KTRT七位副所長之一，負責工事推進與品質管理。他指出，「台北一〇一的工種就高達兩、三百種，由基礎工程到垃圾處理，從工地規劃、發包採購、施工工序，到施工界面的安排管理等，其中的指揮、溝通、協調與管理，主要由KTRT來進行。」

工程高峰時期，光是在基地現場就有兩、三千位施工人員，如果不論在工廠或現場，將各包商為了台北一〇一工作的人員數量加總，最多一天有數萬個工程人員在為台北一〇一服務。

全世界都沒做過的事，事先練習就對了

國際團隊與台灣團隊，一起朝著建造世界第一高樓的目標前進。林培元語帶驕傲的說，「大家都有一種榮譽感。每個人都戰戰兢兢，不敢輕忽。」當年

很多工程的要求與目標，業界沒有經驗，像是巨柱柱內灌漿、安裝風阻尼器、頂升塔尖等等。但是沒有經驗並不代表做不到，唯一的方法就是回到「練習」的基本功。

他表示，「例如，我們要在離地三百九十一公尺處拆卸吊台，再把吊台分解運回地面。團隊為此建了模型，一個步驟、一個步驟的逐一預擬各種可能性及狀況，勤加練習，做好萬全的準備，帶著充足的信心實際上場，圓滿達成任務；又像是為了達到混凝土強度和施工技術，在灌漿的前一年就提早作業。」

由於超高層建築的工程經驗非常稀有，施工期間，台北一〇一完全開放參觀，林培元指出，「這是很難得的，因為很少有工地願意公開施工的過程。」當時為了接待四面八方的參觀團體，還有一個固定的七人小組負責，並且針對不同專業背景和年齡層，事先準備好不同的解說內容及方式，在施工期間，台北一〇一的營建團隊，就開始以寶貴的工程經驗回饋社會。

當時台灣在沒有足夠經驗的情況下，要挑戰一幢量體如此大的高樓，事事皆困難。台北一〇一團隊認為唯有堅持相信專業，打破既有框架，與國際專業團隊合作，才有可能走出一條全新的道路。

品質以及個別團隊在國際上的競爭力，是台北一〇一選擇合作伙伴的主要條件。

林鴻明說，「不問花多少錢，該做就做，尊重專業。」如同聯合國的施工團隊，從管理、工程、營運到施工人員，共有來自超過四十個不同國籍的伙伴。

工程上請美國端拿進行專案管理，每週定期開會，針對設計、施工、財務、進度、品質、工安做出報告。透過各種會議整合意見，也嚴格要求效率。林鴻明表示，「透過專案管理，可以降低工作團隊因為國籍、文化不同而產生的溝通落差。」以工程總包商KTRT為例，雖然都是經驗豐富的公司，但是各個國家的工作人員思考方式都不太一樣，專案管理便能發揮很好的協調功能，對工程效率有很大的幫助。

汲取國際團隊思維，讓台灣繼續優秀下去

透過與國際團隊合作，也讓台灣團隊能跳脫過去思維，學習到更好的工作模式。

林鴻明說，「很多模擬圖上沒辦法決定的事情，一定要實際做出來看。」以

帷幕牆的選擇為例，先花費超過一千萬元，在大樓旁邊空地上，打造三層樓高的帷幕牆模型，讓設計團隊決定細部設計。他強調，「這種事情在台北一〇一之前，從來沒發生過。以前就是直接照圖去蓋，材料選擇也是靠經驗。頂多是做不好，敲掉重做。」經歷台北一〇一的營建過程，林鴻明發現，國際團隊在真正動工前，會投入大量時間做資源研究、模型和試驗，依據最佳計畫進行施作的品質，也能更接近理想。

林鴻明認為：「這就是一種進步。」經歷過台北一〇一的台灣團隊，之後自我要求都超越一般標準，絕對不可能將就，甚至變得更加講究。國際團隊帶著台北一〇一的業績，走遍全世界，也讓更多人認識台灣的實力，這些都是台北一〇一與國際團隊合作，超越商業與建築的意義。

整體結構雖然邀請紐約宋騰添瑪沙帝當顧問，但是結構是台灣永峻工程顧問公司規劃、設計及施工監造，從定系統到分析設計，百分之百都是永峻工程顧問公司自行完成的，再一次證明台灣頂尖的工程技術。林鴻明強調，「參與過台北一〇一的工程之後，相信台灣團隊的工程、包商，以後每一個案子也都能有一樣的水準，讓台灣繼續優秀下去。」

使用反循環工法的基樁系統

基樁使用反循環工法。

反循環鑽機不斷的旋轉鑽頭，鑽入地下土層，再由鑽桿中間用高馬力馬達吸出攪碎的泥漿，基樁體形成一個圓形孔洞，經過孔洞的深度量測（含貫入岩盤深度），以及超音波垂直度檢測等，確認樁體正確後，接著再吊放鋼筋籠與逆打鋼柱，並吊入灌注水中混凝土專用的特密管，將設計需求強度的混凝土材料，藉由特密管將混凝土自由落體往下輸送至基樁底部，再依序填充基樁樁體內，慢慢提升與拆除特密管長度至完成混凝土澆置作業。地下室開挖到最終開挖面時，將基樁頂部劣質混凝土打除，並露出基樁頂部鋼筋籠，再將基樁與基礎版構築連結，形成完整的建築物基礎。

基礎版是在基樁上面，以厚度三至四點七公尺的混凝土製成，目的是將基樁連接起來，強化地基強度。其中，裙樓基礎版厚度三公尺，塔樓基礎版厚四點七公尺。

07

強度和韌性的表現

二〇〇一年九月十一日，兩架飛機撞擊紐約世貿中心雙塔。在災難電影中才會看見的畫面，竟真實的出現在眾人眼前，震驚了全世界。被撞擊一小時之後，世貿雙塔先後倒塌；而倒塌的兩大主因，分別是飛機撞擊造成的結構損害，以及爆炸所引發的火災。

九一一發生的時候，台北一〇一已經在施工中。世貿中心雙塔倒塌的畫面怵目驚心，輿論開始質疑與檢討台北一〇一的結構。

許多懷疑的聲音從各方湧入，「如果遇到和紐約一樣的攻擊，台北一〇一到底能不能承受得住？」

台北要興建一幢世界第一高樓，不只是各方輿論不看好，連先天的地理條件都設下難題與考驗。

放眼世界，沒有一幢超高建築像台北一〇一這樣，要同時面對強風與地震的挑戰。

於是，以地震帶上兩千五百年週期為防震安全設計，以及可以備援的發電系統，還有光纖架上微波、衛星通訊、最強供電通訊設備，並設置三座風阻尼器減緩建築物的晃動幅度等，這些頂尖的設計都因應而生。台北一〇一不但是地震帶上最高的大樓，也是最堅固的建築，其建築設計與結構規劃，更成為之後許多超高大樓學習的對象與範例。

國外高樓建築經驗，台灣無法全然適用

謝紹松說，「在最初的設計階段，台北一〇一曾經參考原本要蓋在芝加哥的一棟一百二十五層高的大樓結構。但是，芝加哥沒有地震，大樓只需要抗風，主要構造採用鋼筋混凝土，只需要強化建築物的強度就能達到目的。」

除了參考芝加哥的案例，也向杜拜和紐約的摩天高樓取經，發現許多高樓建築使用的結構技術，也都無法全然適合台灣。謝紹松說，「台北一〇一的結

構需要又堅固又有韌性。當時世界上的超高大樓，幾乎都建在沒有地震的城市，不必考慮韌性這個條件。」

物體在不受外力影響下的振盪，稱為自然振盪，對應的頻率稱作自然頻率。物體以自然頻率隨著振動源大幅振動的現象，就稱為共振。

風和地震發生時，建築物會跟著搖晃，如果遇到強風，或是地震波的振動頻率，剛好和建築物的自然頻率一致，建築物就會發生劇烈振動。

風力和地震對高樓的作用，會隨著建築物的高度增加而增強。建築要對抗地震，愈輕愈好。但是超高建築除了要考慮強風的影響，也要兼顧季節風作用時的舒適性，建築物的自重對不同的結構的影響各不相同。

讓台北一〇一更安全的巨型結構

謝紹松說，經過安全、機能與經濟等各項條件考量，最後確定要採用巨型結構做為整體結構系統。

紐約世貿雙塔被飛機撞上之後，損毀建築結構的樑、柱，之後飛機油箱爆炸，在大樓內引起大火，火害範圍的空間立刻變成燒燙，金屬開始變軟、強度降低。在大火的高溫肆虐下，樓地板一層一層的崩塌，構成核心的鋼柱支撐力也愈來愈弱，直到抵擋不住重力的摧殘，最後整棟建築應聲倒下。

謝紹松說，「台北一〇一的結構設計，和一九七三年啟用的世貿雙塔相比，不但更加先進，在面對自然條件及強大衝撞力攻擊時，也更加安全。」巨型結構中的巨型柱、巨型樑，原本就是用來對抗強風；而為了因應位在地震帶上的特殊條件，更進一步結合混凝土的堅硬與鋼材的韌性，採用高性能混凝土與鋼骨構造結合成為內灌混凝土箱型構件做為支柱。

對於結構工程師而言，設計結構時，最重要的關鍵是了解力的傳遞路徑，並且確保建築物的結構強度與韌性足以承受。

力的種類和傳遞方式，取決於結構的組合方式。組合方式較常見的是承重牆系統、構架系統或是樑柱系統。

樑是樓地板的骨架，當樑承受重量時會稍微彎曲，將重量分散、傳遞到支撐樑的所有柱子上。柱子承受壓力後，則會再將重量傳到地面。

許多工法與建築材料的開發在當時都是創舉。林鴻明說，「例如，台北一〇一是台灣首次在鋼製箱型柱內灌入一萬磅混凝土建築。現在一萬磅混凝土比比皆是，可見對台灣整個工程界的影響有多深遠。」

特製鋼骨高韌性接頭

謝紹松說，「在沒有地震的城市建造超高大樓，只需要考慮樑、柱的強度。」但是在台灣，不只樑、柱的材料，還有接頭，也就是整個系統都必須要有消散地震能量的能力。

一般鋼骨結構的建築物，若是遇到地震，最容易受到損壞的地方就是樑柱的接合處。謝紹松解釋，「傳統的做法，是在接合處特別加強固定，但是這種方式對於台北一〇一所需的韌性，卻是不足的。」

台北一〇一在樑柱接合處，採用特製的鋼骨高韌性接頭，這種新創的特別工法，比傳統加固能消散更多的地震輸入能量。而巨型桁架的設計，不只是為了讓建築物更加穩固，也有控制晃動的功能。謝紹松說，「遇到地震的時候，建築物跟著左右搖擺而不被破壞，就是韌性的表現。」

二十七樓以上，每八層形成一個結構單元，將每一個結構單元視為一個超大樓層，而且都要犧牲一層樓的空間來做為巨型樑，以固定的巨型桁架強化結構強度，增加建築的穩定性。李祖原說，「目的只有一個，就是做到最佳化。」林鴻明給建築師和結構設計師很大的發揮空間，李祖原表示，「如果他斤斤計較要省出多少空間，那就非常麻煩了。」

建築物的鋼骨，如同人體的骨骼，骨架要有強度和韌性，才能夠站得挺拔、好看。

台北一〇一就像是一個巨人，巨人自然是骨骼粗勇，才撐得住龐大的身體。林鴻明說，「把同一棟樓放在紐約，用鋼量大概只需台灣的一半。」使用兩倍的用鋼量，就是要確保建築物結構安全。林鴻明強調，「這麼多專家，想出了好的解決方案。無論多麼昂貴，也一定要做。」

以地震回歸期做為抗震設計目標

地震的發生，主要是因為不同地殼板塊推擠，造成能量波動從震央向外傳遞，使得地震帶上的土地跟著搖晃。到目前為止，地震都無法精準預測，也沒有一定的規律。

抗震設計和地震強度息息相關。台北一〇一的抗震設計目標，可以分為小震、中震、大震三個地震回歸期。

謝紹松說，「抗震設計有三個考慮，就是小震不壞、中震可修、大震不倒。」

地震回歸期指的是「預期再發生地震的間隔時間」。年數愈長，表示對建築物可能造成的破壞力愈強。

台北一〇一除了大震的回歸期兩千五百年之外，另外將小震的回歸期從三十年加強到五十年，中震回歸期從四百七十五年加強到九百五十年。

五十年指的是遇到小地震，結構體保持在彈性限度內，地震後結構體不會有任何損傷；九百五十年則是遇到中地震，結構所受到的損傷必須要能夠修復；兩千五百年則代表遇到大地震，結構體能維持不倒塌。

林鴻明說，「以這樣高標準的回歸期去計算的結構，就算整座城市大部分的建築都倒了，台北一〇一應該也不會倒。」

08 承受來自各方向的壓力

幾乎是整座的迷你信義計畫區，一起被安置在轉盤上。強勁的風，吹向台北一〇一的模型，掃過迷你信義計畫區。模型裡裝設的感測器，開始偵測受到的壓力與拉力，並將壓力轉換成數據傳送到電腦。風力持續吹送，迷你城市下面的轉盤則緩緩轉動，直到系統記錄完成不同風力、不同方向的數據。

風洞測試的目的，是要讓建築物的結構，必須做到能承受來自各個方向的風力。

以森林中的樹木為例，當樹木受到強風吹襲時，就算被吹得很低也不會折斷，靠的就是根部能夠穩穩的抓住土壤，以及堅實、柔韌的樹幹隨風搖擺，抵消能量。

林鴻明說，「所以台北一〇一基樁打得很深，建築物的下半部也蓋得比較硬。」結構設計團隊根據風洞測試的數值，計算出結構在各個方向受到的壓力和張力，再根據最大壓力和張力數值，設計出所有鋼構件。要做到確保無論風從什麼方向吹來，都能讓大樓保持穩定。

前往加拿大進行風洞測試

凡是地球表面的物體，皆要面對地心引力帶來的影響。

建築物的結構工程師，主要工作就是設計出可以抵抗重力的樑、柱以及桁架。但是，除了重力之外，建築結構還必須面對其他「力」的挑戰。

忽強、忽弱，來去無蹤、變動不定的風力，就是其中最不容易計算、又破壞力驚人的大魔王。

風力的作用，影響著每一棟建築物。

四周沒有其他建築物的廣闊空地，和附近建築物圍繞的地區，所產生的風速、風切、漩渦等風力流動是完全不一樣的。建築物愈高，要面對的風力挑戰愈艱鉅。

對此，工程團隊的解決之道是，利用風洞試驗對結構穩定性進行測試。

帶著已經設計完成的台北一〇一模型，連同周圍其他建築物、全區地理環境的等比例模型，台北一〇一團隊前往加拿大風能及環境工程諮詢公司RWDI。

全球最大風阻尼器登場

謝紹松說，「鋼骨、鋼筋和混凝土建造的結構非常結實，仰望的時候，很難想像這樣的建築物其實一直在搖晃著。但是，確實如此。」台北一〇一的穩定，廣義解釋是必須確保建築物的自然晃動，維持在人類無法察覺的範圍內，或是即使有所晃動，也要能很快停止。

受到風力影響，高樓建築平常就會輕微搖晃。建築物愈高，遭遇的風力愈強大，有時候就算是結構毫無安全疑慮，也會因為晃動的關係，讓待在建築物裡面的人感覺到頭暈，或是沒有安全感。

搖晃並不是什麼大問題，關鍵是搖晃的加速度及時間長短，會讓使用者感到不舒服。為了建築物的穩定與舒適，風阻尼器登場了。

風阻尼器，是一個巨大鋼造單擺系統。單擺，是懸掛在纜索或彈簧上，能夠來回擺動的裝置，依據纜索的長度或彈簧的勁度，單擺在一定時間內來回晃動的次數固定。

工程團隊利用電腦建模，計算出台北一〇一晃動的自然頻率，在大樓頂端裝設頻率相近的單擺系統。當大樓遇到強風或地震，導致結構來回擺動，單擺系統也會跟著擺動，只是方向會與大樓擺動的方向相反。運用物理學反作用力的原理，抵消晃動對大樓產生的影響。

安裝風阻尼球是一門大學問

風阻尼器平時主要目的在於減緩大樓晃動所造成的不適，然而若是遇到地震或颱風，也能發揮穩定結構的功能。

林鴻明說，「就是一個超級鐘擺的概念。」台北一〇一團隊花費四百萬美元，特別訂製一座當時全世界最大的被動式風阻尼系統（TMD），請加拿大風力工程顧問RWDI之子公司Motioneering公司負責設計與施工，設計的最大擺動幅度為一百五十公分，懸掛在台北一〇一的八十七到九十二層樓之間。

這套當時全世界最大的風阻尼器，主要質量塊（mass block）是直徑五點五公尺、重量達六百六十公噸的實心鋼球。另外，再由八條鋼纜做為支撐鋼索，每條鋼纜以兩千多條細鋼索組成，長四十二公尺、直徑九公分，懸吊到九十二樓。

在八十八及八十九樓可觀賞的風阻尼球，是由九十二樓懸吊到八十七樓，由加拿大風力顧問公司 RWDI 之子公司 Motioneering 公司負責設計與施工。

如此巨大的裝置，無論是尺寸或重量，負責運送的卡車或塔式吊車都沒辦法一次承載。

工程人員想盡辦法，最後將這顆風阻尼球做成四十一片鋼板，每片厚度達十二點五公分，先分成好幾個部分在工廠鑄造，再分別運送到安裝地點銲接、組裝。謝紹松說，「風阻尼球的安裝，是一門大學問。」加上油壓系統和八組緩衝油壓系統，以及可以限制風阻尼球的擺幅在一點五公尺內的阻尼緩衝環，每一個環節都很困難。

讓工程裝置成為公共藝術

林鴻明對於這座風阻尼器的選擇，有獨到的想法與創舉。當初廠商提供主動與被動兩種系統的風阻尼器，供工程團隊選擇。

團隊思考後，決定採用不需要耗費電力維護的被動式系統。李祖原則對於擺放的方式，有超越一般人想像的見解：「被動式機械設備通常都會被隱藏在結構裡，但是我想要讓它露出來，成為公共藝術。」

這座巨大的風阻尼器，不但要和結構互動，也能和民眾互動。

以「佛要金身，圓滿報身」的概念，團隊選擇將這座全球第一座整體裝置外露，並將可供參觀的風阻尼球漆成貴氣的金色。林鴻明說，「台北一〇一和金融有關，金色高貴，也代表圓滿。」讓大樓必要的工程裝置成為公共藝術的一部分，不但充滿趣味性，也能讓民眾更親近、更了解建築結構。

開放遊客參觀的金色阻尼球，已經成為台北一〇一的代表性標誌。

如同超級鐘擺的風阻尼器

風阻尼球如同超級鐘擺，一般時候晃動幅度很小，約六點八秒來回擺動一次，平常很難看得出來。

台北一〇一共有三座風阻尼器。除了八十七樓這一座主要的風阻尼器，在四百四十八至五百零八公尺的塔尖上，還有一對各重六公噸的小型風阻尼器。

「塔尖二十四小時受風力影響，每年振盪次數達十八萬次。不停的振動很容易造成鋼材疲勞、受損，」謝紹松說，特別設置兩座小的風阻尼器，對於穩定塔尖的擺動有很好的作用。

09 突如其來的航高限制

快速施工的時間壓力，建築、結構、營運各單位都有如競技場上的賽馬，閘門一開，就只能拚命往世界第一高樓的目標衝刺。

沒想到，交通部民航局突如其來的「危險」認定，差點讓台北一〇一世界第一高樓的理想就此破滅。

一九九九年四月，為了架設航空障礙燈，建築師去民航局詢問相關事宜，林鴻明說，「民航局好像那時候才忽然發現台北要蓋一棟超高大樓。結果他們就開始喊這樣不行，太高很危險。」台北一〇一位在松山機場禁限建範圍的三公里之外，三個月前增加的最後二十公尺，被民航局認定為「危險」，要求降低建築物的高度。

林鴻明和整個團隊得到這樣的回覆，頓時都呆住了。世界第一高樓的話題炒得火熱，各項工程、發包也都如火如荼進行著，民航局突如其來的「危險」認定，打亂了原本所有的規劃。

一棟超高層大樓，從外觀、結構、基礎工程到抗風、抗震，每一個環節都經過縝密計算和設計，環環相扣。降低高度之後，對整體工程技術困難度、工程成本、施工時間甚至發包費用，都會有很大的影響。林鴻明說，「依據五百零八公尺的高度去計算的大樓，一句『降低高度』等於所有的事情都要重來。但是，怎麼可能說降就降呢？」

當時民航局正準備要改換導航系統，「危險」的認定，是以舊的導航系統為標準而做出來的評估。林鴻明說，「民航局原本的意思是，以舊有的設備或許會有危險。」沒想到消息一出，經過媒體轉載，簡單的被解釋成：「台北一〇一影響飛航安全。」

同意降低建築物高度

輿論一旦形成，排山倒海的壓力也隨之而來。

台北一〇一採用快速工法，基樁、連續壁都已經陸續開挖，基礎工程正在進行。

當時交通部部長建議團隊，不如依照最初計畫，將建築物改回六十六層樓。林鴻明說，「部長說，讓建築物長胖一點就好了。」但是，一根基樁多大、承載多少重量、放在什麼位置都固定了，怎麼可能輕易更改樁位？林鴻明說，「如果政府一定要把這棟樓變矮，那我們只好請市政府收回自建，並且申請國賠。」

工程的時間壓力擺在眼前，極力協調的結果也令團隊非常沮喪。台北一〇一的管理部門，透過各種管道、四處奔走，無論是權責問題還是政治問題，都沒有得到任何可以確認的答案。

但是計畫卻還是必須繼續走下去。

一九九九年七月，台北一〇一管理部門與KTRT簽訂總包合約。同一個月，在台北市政府主導下，針對建築物高度與飛航安全問題，與民航局進行三方協商。

林鴻明說，「當時已經知道民航局即將更改航道，以及更換新的導航設備。但是沒有任何相關的時間表。」民航局的態度是，如果建築工程進行到九十三層樓，民航局的航道、導航設備還沒有更換完畢，那麼工程就必須停在九十三樓。林鴻明說，「如果提前更改、設備升級完成，我們就能照原定計畫，完成一棟五百零八公尺的世界第一高樓。」

工程有時間表，無法繼續等待沒有時間表的「如果」。民航局更換導航系統的速度，成為台北一〇一最後能不能真的蓋到一百零一層樓的關鍵。林鴻明毅然做了決定，「還是要讓工程先進行。」為了讓工程能夠繼續展開，台北一〇一團隊同意降低高度。

每天面對幾百萬元憑空消失的壓力

在同意降低高度之前，台北一〇一團隊已經四處奔波超過一個月。雖然已經和KTRT簽約，但是高度無法確定，工程也暫停下來。

林鴻明說，「那一個多月，光是KTRT營建團隊，就有超過一百位工程人員處於待命狀態。」除了KTRT，其餘專業包商及下游廠商的龐大人事費用也非常驚人。加上每年兩億元的地租、質押的七億元履約保證金，還有各項融資貸款所產生的利息，林鴻明指出，「空轉一天，就是幾百萬元憑空消失。」

除了投入的龐大資金及利息壓力，許多世界一流工程團隊的合作計畫也不能耽擱。林鴻明說，「一直拖下去不是辦法，只好先答應降低高度，讓工程繼續展開。」

事情懸而未決讓人有無力感，但也不能只是等待，還是要前進。

為了不可預測的改變，先是耽誤了工期，另外，也必須設計新的結構與補強系統，為萬一真的必須降低高度，先做好準備。

團隊評估過民航局變更航道、飛航設備改善計畫的進度。回頭與台北一〇一工程進度比對，民航局的升級計畫，有很高的機率會在結構體蓋到九十三樓之前完成。

可是，沒有人敢保證政府的政策與進度都會如期。

以兩套結構系統的補強計畫施工

在沒有萬全把握的情況下，台北一〇一團隊只能將預期會發生的各種狀況，提前設想解決之道。林鴻明說，「最壞的打算就是捨棄世界第一高樓，成為一幢普通的摩天大樓。」

同意降低高度後，林鴻明請結構工程團隊，針對九十三層樓的高度，重新設計一套結構系統，並且做出兩套結構系統的補強計畫。

結構工程師對抗地震的策略，和克服風力的方法有點類似。團隊研究過去的地震頻率，利用電腦建模與建築物的自然頻率比較，再藉由增加建築物的重量，或是增加結構的韌性，以改變自然頻率。

若是將一棟超高大樓視為一根長竹竿，地震發生的時候竹竿會搖晃，九十三層樓的建築所搖動的結構弱點，和一百零一層樓的建築產生的結構弱點，會發生在不一樣的位置。

為了高度無法確認的不確定性，也為了預防不得已必須降到九十三層樓的結果真的發生，事先必須投入最完整的準備。兩套結構計畫中，鋼構補強的點都不一樣，林鴻明要求團隊，九十三層樓和一百零一層樓的結構弱點，全部都要進行補強。他表示，「多花了三億元，也多耽誤了半年工期，但是只有兩套都做，才能真正確保建築整體安全。」

為了不讓團隊無止境的等待，先答應降低高度，讓工程繼續。再多花費時間及成本，做好另一套計畫，並且讓兩套結構補強加在一棟建築物上。林鴻明說，「先做最壞的打算，再邊走邊看。這是當時不會太耽誤工期，又能繼續往前走的最好辦法。」

突如其來的高度限制，對台北一〇一團隊造成非常重大的打擊和壓力。民航局充滿不確定性的設備更換速度，也讓團隊非常焦慮。林鴻明說，「這麼大的一個工程，出現懸而未決的事，那種壓力非常恐怖。有人問我說，打造台北一〇一最大挫折是什麼？我認為，這件事絕對是第一名。」

除了迫在眉睫的資金壓力，建築物高度如果真的被迫降低，之後要面臨的各種後續問題也非常複雜。林鴻明說，「全球最優秀的工程團隊來台灣競標，投標的價格都是衝著世界第一高樓而來。」KTRT熊谷組將投標管理費歸零、東芝電梯願意低於成本合作，都是為了世界第一的光環。

台北一〇一不只是營運的台北金融大樓公司的事，國際團隊、國際標，全部都是跨國企業。一旦降低高度，外觀、結構、抗風、抗震全部都重新來過，原訂的工程時間會往後推遲，對之後的營運、招租、財務等各項工作與目標，也都會產生極大的影響。

對林鴻明而言，一種無法對團隊交代的無助感困擾著他。林鴻明說，「那段時間我與團隊到處奔波，投注很多心力，卻依舊充滿不確定性，真的感到非常無助。」然而，就算是無助，也不能只是等待。工程要繼續往前，團隊也持續和民航局保持溝通，隨時了解更新設備的進展。林鴻明強調，「挫折感來自這不是我一個人的事。」當初股東們願意投入，都是為了想幫台灣做事；後來整個計畫擴大，挑戰世界第一高樓，股東們也是全力支持，林鴻明念茲在茲的是：「每一個人的榮譽心湧現，真的很怕失信於人。」

突破航高限制，韓國樂天摩天樓來取經

這段飛航問題的處理過程，之後也在國際工程團隊之間流傳。韓國規劃中的一百二十三層樓、五百五十六公尺的樂天世界大廈（Lotte World Tower），當時同樣遇到飛航相關限制的問題，計畫停擺了好幾年，韓國團隊多次來台向台北一〇一團隊請教解決的方法，最終比台北一〇一晚了十二年才完工。

李祖原談到這段經歷時說，「林鴻明把眼光放遠，捨得多花工程費用，做

足各種準備，才是工程能繼續進行的關鍵。」

必須跳脫常規去思考，權衡利弊得失，才能在金錢和時間的競爭壓力中做出最適選擇，克服眼前的難關。

所幸一九九九年年底，民航局重新規範松山機場的進場程序，也完成增加機場導航設備，距離跑道中心點三公里之外的台北一〇一，可能會影響飛航安全的疑慮終於獲得解決。

台北一〇一設定的五百零八公尺高度，可以維持不變。

林鴻明終於放下心中的大石頭。

不同於一般商業建築，而是國家級品牌的概念

商業投資可以計算回收，但是形象與理想卻沒有辦法被度量。

林鴻明說，「最初投標的時候，我們面對的只是一個比較大一點的商業項目。」當計畫發展到世界第一高樓的時候，要考慮的點就已經不只是個人、公司或團隊，而是一座城市甚至國家級品牌的概念。

隨著台北一〇一的高度不斷向上，營運團隊思考的高度也愈來愈高。這不

只是一間公司的事，對於城市而言，地標建築有不同於其他商業建築的象徵意義。對國家而言，世界第一高樓的光環與具體形象，也有國際宣傳與國家形象的無形價值。林鴻明堅定的說，「雖然困難很多，但既然把蓋出世界第一高樓當成理想，那就只能往前衝了。」

經歷紐約發生九一一恐怖攻擊，全世界對於興建摩天大樓多少有些猶豫。台北一〇一順利完工落成之後，世界高層建築與都市人居學會會長告訴林鴻明，九一一事件後，大家都以為不會再有人蓋超高大樓，台北一〇一的起造與落成，對世界高樓的發展有如一劑強心針。

回想起來，可能只是幾句話帶過而已的經歷，但是無法確認的那段時光，對整個投資、工程團隊而言，每一天都非常煎熬。林鴻明說，「改了這麼多，財務結構早就都跑掉了，台北一〇一的格局也不能用一般商業案例來分析。」林鴻明強調，「真的很感謝最初投資的股東不計代價的信任，還好最後沒有辜負大家的期待。」

松山機場限制你家蓋多高？

以台北松山機場跑道兩端中心點為圓心，一點一八公里、三公里、六公里為半徑畫圓弧，圓弧範圍內建築物都有不同的高度限制。

半徑一點一八公里內：建築物高度不得超過六十公尺。

半徑三公里內：建築物高度不得超過九十公尺。

半徑三到六公里內：建築物高度不得超過六百公尺。

10

三三一地震之後

吃完午餐、經過短暫的休息，施工人員在鋼結構上繼續上午未完的鋼樑鎖定、電銲工作。

這一天是二〇〇二年三月三十一日，台北一〇一建築主體工程已經完成超過一半。

每天開工之後，工地所有的開孔欄杆都會圍起來，並確實鎖上。施工人員綁上工作安全繩，安全裝備檢查通過後，一層一層樓往上爬，風大的時候要低頭、彎腰繼續走。

就在下午兩點五十二分，一陣天搖地動。

在幾聲巨響中，施工人員拔腿往下狂奔。

一分鐘後地震停止，四周卻仍輕微晃動。鋼筋螺絲散落一地，很多人癱軟的坐在地上。結構體上的塔式吊車（以下簡稱塔吊），吊臂螺絲被震斷，塔吊及配重塊掉落，重力加速度讓零件、鐵片砸落地面時，四散紛飛。

林鴻明在車上接到電話：「出事了！塔吊掉下來了！」林鴻明說，「我和太太那時正在車上，剛從堤頂大道下來，要去公司。」他立刻在健康路上緊急迴轉，疾速開往信義計畫區的台北一〇一工地。

一場地震，失去五位伙伴

到達工地時，現場工作人員已經疏散到當時的「紐約紐約購物中心」前方廣場。林鴻明找到工務所的內山所長，只見他一臉青白，全身發抖。

第一件要做的事情，是了解工作伙伴和工地的狀況。

這場震央位於宜蘭外海、芮氏規模六點八級的大地震，台北市達到五級的震度。

台北一〇一工地頂樓東、西兩側，工作中的兩具塔吊，受到劇烈搖晃，原本固定基座和連結吊車前端人字臂鋼樑的高張力螺絲，突然鬆脫斷裂。重量高達數噸的塔吊，因此墜落。

正在駕駛座內操控的塔吊手，連同人字臂鋼鐵，從五十六樓掉落。一同掉落的配重塊，直接砸進裙樓，貫穿好幾層樓版。

這場地震意外，造成四位工作人員從高樓墜落，以及一位在工務所的助理工程師，不幸被高速墜落的配重塊擊中，讓工作團隊失去五位伙伴。他們是：陳又禎、陳信陽、陳錦水、林建成，以及孫同英。

當時，內山所長、機電顧問以及許多國際工程人員正在工務所開會。才開始搖晃，就有人大喊：「地震！」一塊配重塊直接掉進辦公室，就落在內山所長辦公桌前兩公尺的地方，還有一塊配重塊落在會議室門口。事後，有人惋惜的說：「那位助理工程師，如果跟大家一樣躲在桌子下面，不要開門衝出去就好了。」

第一時間展現負責任的態度

重物從高空墜落，也波及到周邊道路上的車子與行人。

東側塔吊斷裂倒向松智路、信義路五段路口，直接砸毀路邊的一部計程車、一部轎車，以及一部載滿貨的箱型車。

地震發生時，司機和乘客都開門下車，想找地方避難，坐在前座的乘客一時無法打開安全帶，司機又衝過去幫忙。林鴻明說，「地震發生的時候，還好三部車上的人都有立刻下車。」車上的人才剛跑離車子，塔吊斷裂的鐵桿就「砰！」的一聲直接砸下來。

三部車子都被砸爛，不幸中的大幸是大家都沒有生命危險。但是，目睹塔吊墜落、壓爛車子，每個人的情緒都受到相當大的衝擊。

當時受傷的人全部送往台北醫學大學附設醫院救治，林鴻明第一時間趕去醫院探望。開著載滿貨的廂型車夫婦，眼見維繫生計的車子和車上的貨都被砸毀，驚嚇得不知所措。

林鴻明說，「那位太太一直唸著『我的車、我的車』。」他們全部家當都在車上，很擔心之後的生活。林鴻明第一時間就展現負責任的態度：「我跟他說，沒關係，你好好養傷，其他的事我都會幫你處理。」

林鴻明認為，「沒有什麼事情比人命更重要。」意外發生後，林鴻明與團隊立刻前往罹難伙伴家中慰問，並成立特別小組協助各種事務，也連續幾天到醫院探望每一位傷者。一場地震，造成五個家庭破碎。能做的，就是盡全力讓傷害降到最低，全力善後。

停工九個月，接受調查與檢修

為了顧及之後所有施工人員在工作上的安全性，同時也必須檢查結構受損程度，地震之後，台北一〇一立刻宣布停工，接受調查與檢修。

停工九個月期間，團隊勇於面對罹難家屬，盡全力協助。同時盡全力面對行政程序的現場調查，以及結構體的全面檢查和補救。

政府組成特別單位進行行政程序的調查，台北一〇一團隊也針對結構提出詳細檢修計畫。除了每一層、每一根樑柱仔細檢查，並再次聘請當初的結構顧問紐約宋騰添瑪沙帝公司前來，對結構實施超音波總體檢。

等到所有檢測報告出爐，確認結構安全無虞之後，工程團隊特別召開記者會，向社會大眾說明檢測結果以及復工計畫。林鴻明說，「就是希望能讓大家放心。」

林鴻明說，「一定要先安頓好人。」伙伴都是家庭的主要經濟支柱，遇到意外大家情緒都很悲傷。去探視是本分，傾聽需求是身為負責人理當面對並承擔的責任。他表示，「對於大家的痛苦我都感同身受，也盡力去達到他們的需求。」

林鴻明透露，從小父母就教育他「凡事要有同理心」，這樣的觀念逐漸內化到個性當中。他說，「有同理心，也就能生慈悲心。內心自然就是覺得應該要這樣做。」

每個人面對事情都有不同的角度，但林鴻明因為有充足的同理心，遇到問題時不會有逃避的念頭，只知道拚命想解決的方法。

為了紀念這五位伙伴的付出，大樓完工後的二〇〇七年，在信義路廣場上豎立了「伙伴紀念碑」。

如果真的要拆掉？

除了面對行政調查，等待自行檢測的結果，工程團隊還面臨另外一個難題。林鴻明說，「塔吊斷了，沒有辦法繼續施工。」

台北一〇一塔樓結構，主要靠八支巨型柱做為主體支撐，而兩部載重能量高達一千兩百五十噸的塔吊，就是負責將一節一節的箱型鋼柱運送到高樓。地震中掉下來的兩部塔吊，是全世界最大、也是僅有的兩部。林鴻明指出，「不是說想買就能買到。」團隊幾乎動員所有資源，在全球尋找各式零件，希望能在最短時間內，重新製作出兩部載重能量一樣大的塔吊。

在工程問題等待解決的同時，林鴻明還必須面對輿論及部分股東質疑的精神壓力。

地標性建築物工程期間發生意外，媒體開始質疑工程團隊的技術，也擔憂結構受損無法解決。各界對地震帶上的台灣，是否應該興建超高大樓提出各種質疑。社會輿論不斷擴大，甚至影響部分股東的信心。

增資的時候，部分股東提出疑問，也建議「不要繼續蓋，停在這裡就好」。林鴻明認為，「五十六樓連投標最低標準都沒有達到，政府也不會答應就這樣停下來。」第一還是要先把力量集中，去檢查受損狀況。一定要先釐清結構的受損程度，才能繼續討論其他問題。他補充，「在還不清楚結構損壞狀況之前，討論要不要繼續蓋完全沒有意義。」

等待檢測結果的期間，工程團隊也不斷針對之後可能發生的狀況進行討論和推演。最壞的結果，就是結構發生嚴重損壞，沒有補強的選項，必須拆除。

林鴻明很清楚，「如果真的要拆掉，我們還有能力再繼續挑戰世界第一高樓嗎？」一個問題可以延伸出更多問題，當時真的是內憂外患，壓力非常大。他決定：「只能結構歸結構、安全歸安全、資金歸資金。每個面向都去找方法，一定就能找到最合適的答案。」

只要有損壞，就全部換新

塔吊斷裂的部分以及配重塊從高處墜落途中，對結構體造成哪些破壞，結構團隊仔細檢查每一層樓、每一根樑柱。林鴻明說，「哪一部分樓版、小樑、大樑要修要換，仔細做了六百頁的報告。」為了安全起見，基本上不做修補，只要檢查出有一點損壞，就全部換新。林鴻明強調，「和結構安全有關的事，沒有任何地方可以馬虎。」

輿論聚焦在地震以及結構安全的問題。

但是許多討論只看表面，沒有去研究意外發生的真正原因。

謝紹松說，「地震意外導致塔吊掉落，損傷結構，並不是地震震壞結構。」塔吊工作的時候，必須站在結構體上，隨著結構愈來愈高也會一直爬升。塔吊和鷹架一樣，都屬於臨時結構，加上必須持續爬升，不可能打造得和永久性結構一樣堅固。謝紹松說，「我們也特別去請教塔吊專業技術公司，得到的正式回答都是，施工中的臨時性工具，多半耐不住四級以上的地震。」

臨時性的塔吊因為地震掉落，和永久性結構是不是能夠抗震，是兩件完全不同的事情。

不清楚前因後果的人，把臨時性設施當成永久性設施去檢討。

台北一〇一工程團隊不但不是意外發生的原因，本身也是受災的單位。但是遇到天災，發生意外的結果，起造團隊還是必須面對檢討，以及勇於一肩承擔所有責難。

經過兩個月的煎熬等待，結構體的超音波總體檢安全過關，這個好消息讓工程團隊非常振奮。

林鴻明說，「超音波檢測結果沒有問題，有損壞的地方全面換新補強。」透過工程團隊中日本伙伴的協助，委託日本新日鐵幫忙打造的全新塔吊基座也在加緊趕工中。他補充，「工程團隊一面跟進新塔式吊車的打造進度，一面進行復工準備。」

輿論質疑聲中順利增資

距離全面復工的腳步愈來愈近，接下來要面對原來就規劃在這時要辦理的增資計畫，因為這個意外，增加了很大難度。

雖然說有波折才能歷練，有考驗才能享受完成目標的快感，但是當時輿論及資金壓力，卻壓得經營團隊幾乎喘不過氣。媒體聚焦、股東信心、社會疑慮，都對增資計畫產生不小的影響。林鴻明說，「真的任何一個小插曲，都可能讓一切前功盡棄。」

為了能順利完成世界第一高樓，當時中央政府單位、民營化的事業單位，都有伸出援手、提供資源，在林鴻明與團隊持續多方奔走的努力之下，增資計畫也逐漸明朗。

林鴻明說，「一幢以亞太金融中心為目標的國際金融大樓，二十四小時要和全球維繫通訊暢通，網路、電信設備非常重要。」為了引進最先進的電訊通信設備，經營團隊一開始就和中華電信確立策略聯盟的關係。之後，中華電信也投入各種最先進的設備，因此對台北一〇一的增資表達興趣。林鴻明說，「中華電信順利入股，加上幾家銀行的支持，工程進度和資金籌措逐漸往愈來愈好的方向前進。」

管理團隊終於可以暫時鬆一口氣。

目前擔任台北一〇一總經理的朱麗文，在一九九九年由中華開發工業銀行派任至台北一〇一，負責財務方面的工作。她表示，一九九九年突如其來的航高限制，以及二〇〇二年三三一地震所造成的結構疑慮，無疑是台北一〇一從無到有的過程中，形成財務衝擊最大的兩個事件。

她指出，「尤其是三三一地震，造成台北一〇一停工，工期因此展延，成本大增。再加上前一年才發生紐約九一一事件，當時社會上對於台北一〇一的興建瀰漫著一股不安全感。對於是否能如期、如質完工，外界紛紛打上一個大問號。」

朱麗文說，「那時我們跟著總經理林鴻明，向股東及可能增資的對象表示，台北金融大樓股份有限公司並不是單一家企業負責營運，而是由十一家企業聯合組成，風險不會過度集中。」朱麗文補充，況且這十一家企業，資本及經營能力都實力堅強，也都是有歷史和規模數一數二的公司，秉持著要打造一幢台灣地標建築的使命感，大家都是全心投入，責無旁貸。朱麗文強調，「我們很有信心，要透過台北一〇一的建成，讓世界看見台灣。」

如此強烈的使命感，打動了投資方的心。最後順利增資，繼續往世界第一高樓的目標邁進。

第三部

建築完工，更大挑戰才開始

11

由台北國際金融中心變身台北一〇一

二〇〇二年七月十八日，這幢樓高一百零一層的「台北國際金融中心」，宣布即日起將更改名稱為「台北一〇一」，並逐步啟動位於裙樓的購物中心招商，以及塔樓辦公大樓的招租。早在二〇〇一年即有更名的討論，為的是讓這幢地標建築有一個響亮且便於推廣的名稱。最早建議將「一〇一」做為名字的是李祖原建築師，他提出的是「信義一〇一」，經過大家一番討論，定名為「台北一〇一」。

二〇〇三年七月一日，台北一〇一舉行上樑儀式，當時的總統陳水扁與台北市市長馬英九，連袂受邀出席台北一〇一上樑儀式。大家都非常興奮與欣慰，台北市這座新地標終於將要完成結構體。隨著塔樓上樑及塔尖（pinnacle）的完成頂升，結構工程終於接近尾聲。

高達六十公尺的塔尖，做為整幢大樓最頂端的部分，也是最後、最艱難的挑戰。

以一層樓四點二公尺的高度計算，相當於十五層樓高的塔尖，一節一節分別運送進入結構中組裝。等組裝完成之後，再穿過預先在多個樓層的樓地板上留出的孔洞，以油壓的方式慢慢往上推升。

塔尖頂升，難度如同火箭升空

林鴻明說，「把塔尖想像成大概十五層樓高的火箭，一節一節拆開後送入結構中，再進行組裝，大概就是組合好的火箭，要從結構內往上推升十五層樓的概念。」

塔尖升起是持續向上推動的過程，一旦開始就不能停止，難以控制的風險對工程團隊是非常嚴峻的考驗。另外，頂升過程中的塔尖也沒有完全固定，途中如果發生地震會非常危險。作業開始之後，團隊所有人都緊繃著神經。

還好，原本預定要三天三夜的頂升作業，過程非常順利，三十六小時內即完成這項艱難的任務。林鴻明說，「以整體結構而言，塔尖就是最後完成的項目。」塔尖頂升，工程圓滿，台北一〇一真正完成了五百零八公尺的高度。林鴻明指出，「團隊同仁都非常興奮。就是一輩子的光榮那種感覺。」

二〇〇三年十月十七日，台北市市長馬英九與其他主禮嘉賓，站在九十一樓的觀景台上，透過經緯儀微調，象徵性的將螺栓鎖緊固定，完成塔尖爬升與定位微調儀式。

儀式後，馬英九宣布，這幢樓高五百零八公尺的摩天大樓，正式成為全世界最高的結構體。

台北一〇一的成就，讓林鴻明與團隊成為媒體追逐的焦點。

在五百零八公尺拍照

一位希臘裔美籍的攝影師在場勘整幢大樓後，邀請林鴻明到一處地點拍照，並且還問林鴻明，敢不敢去那裡拍照？林鴻明自信的說，「這幢大樓等於

林鴻明接受攝影師的挑戰，在塔尖留下獨一無二的身影。

是我家，整棟大樓都走遍了，哪裡會有不敢去的地方？」

攝影師帶著林鴻明到達頂樓，指著一處需要徒手攀爬水塔梯的位置，告訴他拍攝地點設定在往上爬六十公尺高的地方，就是五百零八公尺的頂點。林鴻明坦言，「攝影師指的拍照地點，我以前確實沒有去過。看著那大約二十層樓高的梯子，心裡想著，真的有點恐怖。」

抬頭看著需要攀爬的高度，再低頭看著自己的肚子。既然已經說出「沒有不敢去的地方」，就不能在這種關頭退下。

林鴻明說，「攝影師先爬上去，我再跟著爬上去，另有一位公關公司人員及公司同事一起上去協助。」拍攝地點有三個對外窗，大致呈現一百二十度，攝影師先在一端設置好裝備，再請林鴻明爬到指定位置，將頭和身體往建築物外面延伸。

拍的人要很勇敢，被拍的人，要更勇敢。

攝影師在建築物內，將連接上電腦螢幕的鏡頭伸出建築物，一面看著電腦螢幕、一面按下快門。林鴻明說，「除了要相信攝影師的專業，沒有一點力氣和膽識，其實真爬不上去。」這項攝影計畫讓公關公司和同事都緊張得胃痛，那是唯一一次有人在那個位置——五百零八公尺拍照。一張獨一無二的照片。

價值五十一億元的信任

另一個完工後的挑戰，是一筆價值五十一億元的信任。

林鴻明說，「完工之後和KTRT結算，也有另外一段插曲。」三三一大地震意外事件後，經歷一段不算短的停工期，完工結算時，KTRT將停工責任歸咎到經營團隊，要求賠償停工時期的現場人員各項成本。林鴻明指出，「他們開出了六十億元的賠償金額，我們看到數字嚇了一跳。」

雙方人馬開始各自找證據，展開各種攻防戰。林鴻明說，「他們聘請很多律師、顧問，我們這邊也聘請很多人，雙方都有準備要大拚一場的感覺。」興建過程中，除了經歷三三一地震停工，設計階段也遇到九十三樓和一百零一樓的掙扎期，之後商場規劃請來澳洲聯盛集團，又改了設計。林鴻明指出，「每一個階段他們蒐集的資料都很齊全，如果真的要打官司，我們不一定有勝算。」

以商場經驗判斷，林鴻明認為一開始喊出的六十億元，很可能只是一種表態，於是他決定直接去東京找總包的社長商談。林鴻明說，「我告訴對方，合作這麼久，從來沒有讓包商吃過虧。如果今天是我的問題造成嚴重損失，一定賠到底。」林鴻明很清楚，工期延遲，增加支出成本是必然的事情。他表示，「大家懷抱著共同期望，好不容易一起完成一棟世界最高樓，好頭不如好尾，漫天要價實在沒有必要。」

KTRT也很清楚，身為甲方的林鴻明，在工程期間身兼協調、解決問題的角色，對工程順利進行有很大的幫助，雙方基本上有一定的信任基礎。

林鴻明知道，「台北一〇一已經是世界知名的第一高樓，產生任何糾紛都會成為話題。」林鴻明請KTRT將細項列出，只要是經營團隊該負責的部分，承諾絕對會負責到底。但是如果獅子大開口，導致雙方互告，對商譽產生不好的影響，對大家都沒有好處。所幸，幾年來累積的信任感，讓雙方在解決問題的認知上有一致的方向。原本六十億元的金額，日方最後降為九億元，這件事也完美解決。

人能做的事，就是努力盡人事

回顧從動工興建到完工，一九九八年一月動土儀式，一九九九年發生九二一大地震，二〇〇一年紐約發生九一一世貿大樓恐怖攻擊，二〇〇二年遇上三三一地震的意外。林鴻明說，「興建過程中，一連串重大影響的事件發生，只能用『連續的驚心動魄』來形容。」

面對一個又一個的難題，唯一的辦法就是直視最終目標，一路面對、一路解決。

很多問題都有關聯性，一個面向得不到解決，其他面向可能就無法繼續進行。林鴻明說，「工程期間，一年利息約十六億元，等於每天睜開眼就要面對三百萬元的蒸發，時間對我們非常非常重要。」

工地各個團隊都互相關聯，遇到問題如果不立刻解決、隨便停下來，損失累積起來非常恐怖。林鴻明經常和工程團隊一起開會、巡工地，碰到問題就立刻集合相關人員協調，了解問題、找解決的方法，確認協調的代價。林鴻明說，「我能解決的是出錢，但是當設計者、施工者等不同團隊遇到矛盾，一定要有人願意退一步，大家坐下來討論該如何解決矛盾，讓代價降到最低，然後盡快動起來。」

圓滿的成果，靠的是天時、地利、人和。林鴻明表示，「人能做的事，就是努力盡人事。」

二〇〇三年十一月十四日，台北一〇一購物中心開幕。

二〇〇四年十二月三十一日，一百零一層的辦公大樓正式啟用。大樓內辦公、購物與活動人數，預計每天達到三萬人。

就在二〇〇四年十二月三十一日的開幕式之前，台北一〇一團隊特地選在一樓大廳，先辦了一場約六十桌感謝工作人員的完工酬謝宴，邀請施工團隊及廠商主要人員，一起分享這份得來不易的成就。

除了感謝團隊的所有努力，也向世界宣告：「台灣，蓋出了世界最高建築。」

二〇〇四年十二月三十一日，一百零一層的塔樓正式啟用，台灣驕傲的向世界宣布：我們蓋成了世界第一高樓。（左頁圖）

12

為所有人需求考慮的設施

林鴻明說，「想像台北一〇一超高大樓是一艘航空母艦，航行在大海中，一切只能靠自己。」航空母艦被比喻為海上城市，艦上所有設施都能做到自給、自足、自救。身為超高層大樓的地標建築，樓地板面積大、樓層高，活動人員多、設備系統複雜，對安全維護和疏散都是很大的挑戰。

堅強的結構、先進的裝備、完善的設施，是台北一〇一屹立的基礎。籌劃之初，對於安全、設備、防災三大主軸，都以最高標準規劃。

除了以最先進的建築技術完成抗震、抗風，啟用之後，資訊網路、電力、空調、消防及備援設備上，也都以最高容量、最大效能及最大擴充彈性為主要設計重點，要保障所有人能維持日常工作，電力、通訊、防災甚至防恐攻擊的配套設施，林鴻明說，「除了要能滿足當時的營運，也要能符合未來成長發展的擴充需求。」

犧牲坪效降低風險的供電系統

五百零八公尺的高度，地下五層樓、地上一百零一層樓。身為跨越千禧年後的世界第一高樓，每天上萬人透過電子化門禁系統進出。進入大樓後，分別依照樓層，在五十部快速電梯中最多轉乘一次的方式，前往各自的樓層。因為電梯速度快、數量多，平均等待時間不超過三十秒。

建築物的電力，如同身體的血液，必須時刻維持才能生存運作。

林鴻明說，「電力和輸送的管線，一定要有最完善的規劃。」電力系統規劃是雙來源、雙備援及雙饋線互相支援，「台電變電站送電來源一條從信義路，另一條從松智路，提供兩組互不干擾的電力輸送進入大樓，可互相替補。」林鴻明說，「不走同一邊，也是預設遇到馬路工程挖斷電纜這類意外時，也還有另一條路的輸送管線可以用。」

電力由台電公司兩座變電站供應，進入大樓配電室後，再將電力以雙饋線傳送到每個設備層。而每一個辦公樓層，電力都連接到兩個設備層，互為備源，如果其中一個設備層電力中斷，系統會自動切換，從另外一個設備層送電，確保供電沒有中斷。

林鴻明說，「如果台電發生事故，兩座變電站都無法供電，大樓配置的緊急供電系統會立刻啟動。」緊急供電系統由八台柴油緊急發電機供電，在不添加油料的情況下，可以維持提供三十六小時的緊急電力。如果有充足的柴油持續添加，就能繼續供電。

一九九九年七月，全台無預警大停電，造成新竹科學園區半導體廠損失慘重。台鐵行駛中的電聯車因為斷電被迫停在軌道上，股市當天開盤重挫。當時已經在施工中的台北一〇一工程團隊，立刻針對原有的電力規劃重新進行檢討，採用超高標準的電力備援等級。

二〇〇一年九月台北受到納莉颱風侵襲，市區多處發生淹水、停電，又讓台北一〇一再一次重新檢討所有電力、備援、消防系統。

二〇一五年，蘇迪勒颱風造成大台北地區自來水黃濁，多達一百五十萬戶受影響，台北一〇一仍持續營運，不受影響；二〇一七年，全台大停電的

「八一五事件」中，台北一〇一購物中心是信義區唯一正常營業的商場。這些都證明了台北一〇一在供水和供電的穩定與應變能力。

通訊品質是對超高層大樓的考驗

工程期間，不管走到哪裡，林鴻明都會習慣隨時察看手機訊號的強弱。一旦發現有收訊死角，無論是在電梯內或地下室，林鴻明就會立刻通知電信團隊改善，也就是中華電信。

因為，除了電力，通訊的品質也是對超高層大樓的考驗之一。為了確保高品質的全球通訊保持順暢，由兩個機房，建置兩條「雙路由光纖骨幹纜線」進入台北一〇一大樓。整幢大樓當時使用成本比一般懸掛式光纜高出好幾倍的吹入式光纜，除了架設方式彈性，也是看中日後的擴充性。

林鴻明說，只要是當時最新的科技和技術，幾乎都是不惜成本的使用在台北一〇一。

位在地下一樓的中央控制中心，有如大樓的中樞神經，以智慧型監控系統，透過攝影機、偵測器傳遞的資訊，掌控整棟大樓的狀況。一旦發生突發事件，立刻可以透過警報、通話方式聯絡工作人員前往協助、救援。

兼具效率與舒適的快速電梯系統

快速電梯做為超高大樓運作的關鍵設備，快速是必要選項，但是舒適及安全性也同樣重要。林鴻明指出，「不只是大樓結構有風阻尼器，兩部超高速電梯也配置穩定車廂晃動的阻尼裝置。」電梯快速上升、下降，快速的高度變化會讓人體因為壓力不平衡，耳朵產生壓力感。為了乘坐電梯的舒適度與安全，兩台高速電梯都裝置壓力控制系統。林鴻明說，「在低樓層的時候車廂會先減壓，隨著高度再逐漸增壓，以舒緩高速下壓力變化造成的不適感。」

台北一〇一高速電梯採用特殊陶瓷制動塊，愈熱愈能緊緊夾住鋼製安全桿，確保安全。林鴻明說，「當系統偵測到車廂產生橫向震動，即有地震發生，馬達會立刻驅動，產生反作用力抑制，保持車廂平穩舒適，讓電梯緩降到最近的樓層，再開啟電梯門讓乘客離開。」大樓以「生命週期與實際測量值」兩個參數做為維護指標，只要到達其中一個數值，就會進行設備更換。

以「預防為主」的高標準，做為所有設備的維護準則，輔以高科技智慧型系統做為營運管理的中樞，都是為了確保各種設施在遇到特殊狀況時，也能維持正常運作，或是有足夠的時間等待救援。

對林鴻明來說，「一切都是為了安全。」

水有水的做法，煙有煙的做法

身為世界第一高樓，除了自身的高標準要求，市政府也必須用最高的標準檢驗大樓的各項安全設施。申請使用執照之前，管理團隊與市政府消防單位密集討論、溝通，絲毫沒有馬虎的空間。

林鴻明說，「光是申請使用執照前的消防檢查驗收，就進行了二十四次。」台北一〇一地下層設有消防專用蓄水池，每個機械設備層也都有獨立的消防水箱。如果發生火災，設備層消防水箱可以立刻供水滅火。林鴻明說，「消防水源藉由地心引力向下供水，不受萬一供電中斷影響。」另外，內部設有超過三萬只灑水頭，可以自動灑水，地下停車場也裝有超過一萬多個泡沫噴頭，不需要等到外面救援抵達，就可以先行自動滅火。

林鴻明表示，「水有水的做法，煙有煙的做法。」火災發生的時候，濃煙才是致命殺手，所有辦公樓層及主要安全避難逃生路徑都設有排煙設備，也設置有四道防線阻隔濃煙，爭取逃生疏散時間。

辦公室都有防火區劃阻隔，排煙裝置可以阻隔濃煙進入，是第一道防線；每個辦公樓層設有兩道加壓安全走道，除了排煙，還會送風加壓，使濃煙無法擴散進入，是第二道防線；安全走道通往兩座加壓安全逃生梯，直接往一樓戶外疏散，則是第三道防線。如果人員的身體狀況無法走到一樓，則可以疏散到設備層的安全避難室，等待救援。

林鴻明指出，「設備層除了機電、空調、消防儲水、垃圾處理設備，還有兩間安全避難室。」避難室裡有監視系統、緊急電話、飲用水及急難救助包，都可以供給等待救援時使用。最後，三十四樓以上的設備層還有戶外避難平台，成為獨立的避難防火區，則是台北一〇一獨有的戶外防線，也是疏散到另一個逃生梯的路線。

消防系統通過二十四次檢查驗收

每一次的檢查，都嚴格而謹慎。對消防局而言，超高大樓也是全新的檢測經驗。營運團隊針對消防檢查驗收先提出具體的計畫，然後與消防單位進行討論，雙方以各自專業提出意見。

林鴻明認為，消防單位出動二十四次檢測，是協助營運團隊找出自己看不到的盲點。「我們已經努力做好，檢測單位以另外的角度再仔細檢查，共同目標都是讓大樓往更安全的方向調整，要很謝謝他們。」

林鴻明說，「主要分段檢查，每一次都非常仔細。而且，大樓與商場採用的檢查方式也不一樣。」購物中心主要以性能式審查為主，關鍵在於必須確保發生狀況的時候，防火區的鐵捲門自動落下，引導煙往規劃路徑排出。此外，「商場挑高的都會廣場在六樓有兩座放水槍，當紅外線感應設備偵測到有火源，經過消防中控確認後，就會自動往火源射水。」

每一次的演習，都是為了一旦發生狀況，讓團隊能有更快、更好的處理與對應。

消防演習假設購物中心四樓的都會廣場發生火災，現場濃煙四起。首先發現火情的同仁緊急通知滅火班，已經偵測到火源的紅外線感應設備同時警報鈴聲大響。購物中心內，在收到警報訊號的同時，防火鐵捲門會即時降下形成防火區劃阻隔。

除了兩座紅外線放水槍，感應到火源後會自動移動、瞄準，噴水滅火，購物中心屋頂的挑高設計，也能將竄升的濃煙聚集在屋頂，搭配兩側立即啟動的大型的排煙設備，將濃煙排到室外。林鴻明說，「每次演習之後，團隊都會立刻檢討各項設施，確認是否正常發揮該有的功能。」

積極面對挑戰，反而造就韌性

美國紐約發生九一一事件之後，超高大樓的崩塌與逃生，成為全球的熱門話題。台北一〇一做為世貿大樓倒塌後的世界最高樓，自然面臨了輿論的許多質疑。

世貿大樓雖然鋼絲網外牆骨架極為堅固，但是支撐各樓層的桁架卻非常脆弱。林鴻明說，「飛機撞進大樓時，毀掉許多內外支柱，最後飛機的爆炸徹底損毀了大樓結構，導致倒塌。」台北一〇一採用鋼骨鋼筋混凝土構造與鋼骨構造的混合體，混凝土能包裹、支撐鋼料，並且有防火的絕緣功能。

同時，每八層樓以一整層樓做為負重的堅固桁架，假設真有飛機撞進大樓，結構的破壞也會被局限在一處，不致於全面崩塌。林鴻明表示，「為了抗颱風和地震，當時用的是二十一世紀最強壯的結構系統，飛機撞過去先會被巨柱卡住。」

另外，防火區隔與排煙系統都能阻止火勢蔓延，屋頂上裝設大型儲水槽，可以發揮質量阻尼器的功能，也可以用來撲滅大火。

林鴻明說，「我是在工地長大的，經歷台灣許多工程階段，得到一個結論就是，世上所有的事情都有相對的代價。而面對複雜的工程及各項疑難雜症，永遠沒有最完美的解決方案，只有當下最合適的方法。」林鴻明永遠以積極的態度，面對每一個挑戰。

該面對的壓力絕不逃避，該堅持就不會放棄，該妥協就保持彈性。

回想台北一〇一的興建歷程，林鴻明說，「如果從一開始就一路順遂，沒有那麼多挫折需要面對，或許個人和這幢大樓都不會這麼有韌性。如果不是所有的事情都採最高標準，可能這只會是一棟六十六層或九十三層的大樓，絕對沒有辦法變成世界第一。」

二〇〇四年，台北一〇一最後一次消防演習，全台媒體聚集在現場，進行即時報導，當看到水柱從第一〇一層噴出，振奮了在場所有人的心，這代表消防車的水可以從戶外接頭經過十二個泵浦一路打上一百零一層樓，也是最後一個檢測項目。

經過無數次檢討、調整的各項設施、配備，完美的通過公共安全及消防安全動態演練。

台北市政府消防局也當場宣布，大樓通過所有檢測，將發給取得使用執照前最後一關的消防許可，全場響起了歡呼與鼓掌。

以最高標準檢驗通過各項安全設施的台北一〇一，正式邁向營運階段。

可移動上萬人的電梯系統

可同時服務單號樓層與雙號樓層的雙層電梯，是台北一〇一電梯系統的一大特色。設計的目標，是使平均等待電梯的時間，不超過三十秒。

雙層電梯可以運送兩倍的人數，使運輸和移動更有效率，也可以減少開挖電梯坑道的面積，增加實際的使用面積。

因應雙層電梯的規劃，台北一〇一的電梯轉換空中大廳也是雙層設計。大樓內一共有三十四座雙層電梯，雙層空中大廳有兩個，分別位於第三十五至三十六樓，以及第五十九至六十樓，將大樓分為低樓段、中樓段、高樓段。此外，搭配的電梯預叫系統，也可有效提升台北一〇一這座垂直城市的移動效率。

13

理工男跨足商場營運

二〇〇二年，因為中聯信託股權轉移，林鴻明不再是台北金融大樓公司的股東，但他仍以專業經理人的身分，繼續擔任台北金融大樓公司總經理。緊接而來的商場招商與辦公室招租，成為他下一階段的挑戰。

世界第一高樓的光環，加上台灣最頂級的國際購物中心，以及最大面積的商業辦公空間，都意謂著招租過程勢必面臨無前例可循的開創與壓力。

座落在市中心的台北一〇一，造價高達五百八十億元，是台灣建築界有史以來造價最高、量體最大的工程專案。順利完工之後，營運的壓力緊接著迎面而來。林鴻明說，「努力經營，是為了不讓大家之前的努力白費。」建築物完工之後，工程款也一一結清，最大的壓力來自一年幾十億元的借貸利息。他表示，「營收沒有達到，等於股東還要繼續掏錢，那是很可怕的事情。」

雖然在興建之初，股東都已經做好了必須長期投資的準備，但是身為台灣建築界有史以來造價最高、量體最大工程專案的經營團隊，如何在最快時間內讓國際級購物中心開幕運作、創造營收，讓大樓高達六萬坪的辦公空間順利出租、收取租金，都是經營團隊必須面對的問題。

以購物中心概念規劃的台北一〇一商場，樓地板面積達兩萬三千坪。自覺一向是個「理工男」、對時尚無感，也不懂零售專業的林鴻明，當時唯一的想法，就是要找世界頂尖購物中心經營管理者合作。

請麥肯錫幫忙「敲門」

林鴻明說，「我是一個本來連ＬＶ是世界知名精品品牌都不知道的人，到哪裡去找這些經營團隊？」林鴻明認為，自己不懂沒關係，但是要懂得找值得信任的專業團隊協助。於是他找上全球知名的麥肯錫管理諮詢公司，請麥肯錫幫忙「敲門」。

他說，「有些人笑我，說這種事情怎麼還去找麥肯錫當顧問呢？我的想法是，不懂就不要裝懂，要找懂的人去做。」林鴻明不禁也笑了起來。

麥肯錫依據台北一〇一經營團隊的要求，向全球主要專業經營團隊發出邀請。最後，營運團隊根據麥肯錫提供的名單，前往海外拜訪可能合作的對象。

剛完成歐洲最大購物及休閒據點藍水（Blue Water）購物中心的澳洲聯盛集團，對台灣首座國際級購物中心展現高度興趣。團隊接著轉往英國，實地考察藍水購物中心的營運狀況。

經過多方評估，最後由積極拓展亞洲業務的澳洲聯盛集團，取得與台灣首座國際級購物中心的合作機會。這也是向來由日系品牌主導的台灣百貨業，第一次有澳洲團隊合作，在百貨同業之間引起高度關注。

當時聯盛在澳洲已經有超過三十年的商用不動產開發經驗，開發管理包括澳洲福斯影城、雪梨奧運會場設施、高級商業大樓 Aurora Place，以及藍水購物中心等全球超過一百家購物中心。

林鴻明說，「他們把英國藍水購物中心團隊，整隊拉來台灣。」聯盛負責商場開發、設計、規劃、招商、行銷及營運管理等重要任務，也在台灣招募許多有國際經驗的人才。

這項合作不但是創舉，也為台灣百貨零售業注入新的活水，訓練出許多國際零售業的生力軍。

一向以「理工男」自居的林鴻明，初踏入商場經營管理便有了好的起步。

不惜重做，改變動線設計

林鴻明說，「除了招商，聯盛在前期扮演的角色，最重要的是平面規劃的改善。這個部分對之後的營運貢獻很大。」建築師設計出來的平面，大器、美觀，但是未必適合商場營運。聯盛進駐後的第一項工作，是重新檢討購物中心平面圖，並且提出更改空間動線的建議。

林鴻明指出，「他們分析，邊走邊逛的顧客比率，遠高於目的型。也就是說，一定要讓客人在逛街過程中，可以看到最多的店。」顧客能逛到愈多的店，引發衝動購物的機率就會愈高，但是也不能為了創造更多店面，發展出雙動線，迫使客戶分散，他說，「這些都是原本動線設計沒有想到的觀念。」

購物中心的動線設計，主要目的是讓顧客逛得舒適、自在，愉快的將信用卡掏出來。相較於展現設計創意，最重要的是能創造空間經營的最大效益。

林鴻明說，「除了改變前場動線，後場也增加工作通道。」後場是工作人員的專用動線，使用的便利性和營運效率也有很大的關聯。為了達到最佳營運成效，根據聯盛提出的建議，商場電梯、前場平面、後場動線都重新調整，已

購物中心四樓都會廣場，高度達四十公尺的挑高空間，天光自然灑入，讓台北一〇一更具時尚魅力。

經完成的部分就拆掉重做，林鴻明說，「改變之後，最大的貢獻是提升了百分之十的使用率。」

除了商場經營上的專業，聯盛還有國際不動產事業整合集團的資源，是林鴻明選擇合作的另外一個原因。林鴻明說，「他們總公司也有做資產開發、不動產投資事業，會以開發商的角度提出建議，不只是顧問的角色而已。」

聯盛做為購物中心的經營團隊，也負責引進國際一級精品進駐的招商事宜。為了招商，先在宏國大樓一樓打造一間高規格高品味的展示間，另外花費四百萬元製作一個活動模型。商場模型的每一個樓層都可以上下移動，讓客戶可以更清楚看見、感受樓層與空間動線。林鴻明說，「這些行銷手法，也讓台灣團隊學習到不少經驗。」

打破大品牌設櫃一樓的傳統思維

完全打破台灣百貨業過往的設櫃概念，是台北一〇一購物中心的另一項創舉。百貨業的一樓，向來是整棟最貴的樓層，也是各大品牌的必爭之地。在分析過台北一〇一購物中心的空間動線之後，聯盛跳脫過去大品牌必定設在一樓的傳統，建議將最高級的品牌全部集中在三樓。

這項做法一提出，引起團隊熱烈討論，也有不少反對的意見。林鴻明說，「二樓原本就貴，大品牌都設在一樓，容易造成二樓、三樓租金遞減的情況。」將最貴的品牌定位在三樓，是一個反向思考的建議，主要目的是讓大品牌先奠定三樓的樓層價值，也連帶提升二樓與一樓的價值。他表示，「這樣就不會有熱區和冷區的差別，從營運管理的角度來看，他們這樣的規劃其實很有遠見。」

當時四樓規劃為都會廣場，也會引進餐廳，並且有手扶梯可以通往五樓的觀景台入口，等於是另外一個區塊概念。

能不能找到合適的專業人才，也是主事者能力的表現。林鴻明說，「我找不到經營商場的人，所以找麥肯錫。麥肯錫幫忙找到聯盛。這是一連串專業合作的結果。」林鴻明認為，空間動線的改變，經營計畫的建議，以及品牌招商的策略，許多細微的調整都讓在一旁觀察的台灣團隊受益良多。他說，「也只有從專業營運的眼光，才能一眼就看出問題。」

專業團隊提出整體計畫，決策者參考過去經驗，了解成功案例的緣由，並且在合作的道路上互相提醒，貫徹計畫的執行。林鴻明說，「相信專業不代表完全不管，一樣要具備某種程度的常識。」團隊之間建立信任的默契，有任何問題，第一時間面對解決。他指出，「不立刻處理，就會變成整個團隊的損失，小等待最終會變成大等待。」林鴻明再次展現他的決策作風。

從營建工程到商場營運，與專業團隊合作、互相信任，建立伙伴關係，是台北一〇一能跨越挑戰的關鍵。林鴻明認為，「要找對的人做對的事。」與專業團隊合作，除了聆聽意見，也是帶領團隊學習的過程。

很多出錢的老闆，容易出現官大學問大的迷思。林鴻明說，「不懂的事硬要裝懂，最後損失的還是老闆自己。」

三樓國際精品招商動態受矚目

身為台灣第一間國際級購物中心，完全不同於一般百貨公司既定模式的招商定位，是經營團隊的一大挑戰。

林鴻明說，「開幕前一年，先以七百萬元的預算，在遠東飯店舉辦豪華招商酒會。」從邀請函設計、現場布置到伴手禮品，全部採用頂級規格。他說，

「當時與會廠商超過三百家，招商酒會之後，也成立網站、發送介紹建築設計與經營團隊的季刊，再進行一對一拜訪。」

詎料不久後，二〇〇三年台灣爆發SARS疫情，嚴重影響了商場招租的進度與成效，林鴻明說，「回想起來，那段日子真不知是怎麼熬過來的。」

二〇〇三年十一月十四日，台北一〇一購物中心開幕當天，真正引起市場高度關注的，是三樓國際精品的招商動態。

台北一〇一購物中心宣布，將有二十六家國際精品入駐三樓名人大道，而為配合春夏裝上市，將會在次年三月，三樓才正式開幕。

地下一樓引進香港牛奶國際集團的JASONS Market Place超市，四樓主打新加坡PAGE ONE外文書店，以及晶華酒店經營的WASABI餐廳，在當年都轟動一時。

林鴻明說，「當時台灣沒有頂級購物中心，面對國際精品對商場要求的超高標準，招商團隊非常辛苦。」他知道自己不懂零售業，也不懂精品，所以找了國際顧問以及台灣有經驗的零售團隊一起合作。

台北一〇一前商場管理部經理梅蘭莉說，「當時第一個鎖定的是路易威登

（LOUIS VUITTON），好幾個月都在台北、香港不斷飛來飛去，開會、洽談，過程非常磨人。」雖然市場對於路易威登要進駐台北一〇一的消息早已經傳得沸沸揚揚，但是雙方始終都沒有鬆口確認。

路易威登做為指標品牌，對其他精品有帶動作用，市場對於兩方的合作動向一直保持高度關注。梅蘭莉說，「路易威登開出的條件不同一般，是普通百貨、零售業可能都無法接受的條件。」招商團隊第一時間便向林鴻明報告，不斷討論、分析各項利弊得失，最後終於達成與路易威登的合作協議。她表示，「其他品牌都在觀望LV的動向。談成LV之後，CELINE、LOEWE、PRADA也就跟著進來了。」

開幕日期的為難

購物中心的開幕日期，成為經營團隊招商過程中的另外一個難題。

因為涉及裝修工程以及採購選擇，廠商要求，必須在一年以前確認開幕的日期。

林鴻明說，「日期要很精準。因為差一個月，採購進貨就會完全不一樣。」

林鴻明的語氣中帶著為難。因為，開幕前一年的工程，其實並無法百分之百確認隔年的進度。在無法精準確認工程進度的情況下，只好同意在雙方合約中注明，如果開幕日期延誤，經營團隊必須承擔廠商貨品過季的所有損失。

林鴻明說，「商場開幕的日子是用日曆天計算，一天都不能延遲，否則就必須買下所有的貨，我只能要求所有的準備工作要提前再提前。」二〇〇三年春天，距離預定的正式開幕日只剩半年時間，購物中心加緊趕工，各家廠商的室內櫃位也都陸續進場裝修。

為開幕，每一吋角落都有人在工作

林鴻明說，「所有品牌都有各自的裝修團隊，加上我們的團隊，整個工地就是一團混亂。」有一天林謝罕見經過工地附近，回來時告訴他：「好像看到台北一〇一的屋頂著火。」聽到這個消息，林鴻明嚇一大跳，立刻聯絡現場了解工地狀況。他說，「原來是屋頂做防水工程時，不小心點燃隔溫棉，發生一個小火災。當時真的是嚇出一身冷汗。」

商場裝修是全面性的工作，所有品牌都必須在規定日期前完工。完工後接著試水電、通訊、刷卡，內部裝修、機電工作、公共區域設備、美化，整座購物中心裡，幾乎每一吋角落都有人在工作。

二〇〇三年十一月十四日，台北一〇一購物中心開幕，信義路大門的廣場上，已經聚集許多民眾，雀躍的等待進場。政商名流一字排開，一把把閃亮的剪刀齊聲剪綵，宣告世界最高樓的國際購物中心正式開幕。林鴻明說，「雖然三樓精品因裝修延後開幕，然而招商率百分之百，週末三天湧進超過七十萬人，為我們接下來的營運注入很大的信心。」

14 與自己的六萬坪競爭

時序很快來到二〇〇四年。跨入新的年度之後，大樓各項工程也逐漸接近尾聲。之前堆滿各種建築材料的工地，逐漸轉變為一層層潔淨、明亮、新穎的辦公空間，等候租戶的到來。

二〇〇四年十二月三十一日，台北一〇一的塔樓正式啟用。在全台最大國際級購物中心引領話題一年之後，台北頂級商辦市場，也因世界第一高樓的加入，成為眾所矚目的焦點。

台北一〇一前大樓事業處主管楊文琪，是當時商辦招租及營運的主要負責人。她說，「世界第一，也代表著前面沒有可以參考學習的對象。」

楊文琪加入台北一〇一的前一天，營運團隊才剛與KTRT簽約，那是一九九九年七月。算起來，楊文琪與朱麗文都是台北一〇一開疆闢土的元老級人物。除了財務及工程人員，楊文琪是第一位營運相關的員工，無論是施工期間物業管理及招租的規劃，以及人員招募、訓練，實際的招租及物業管理，她幾乎全程參與。

台北一〇一的招租工作，提早在大樓興建就同步展開，一路上和艱難的工程風雨同行。楊文琪說，「六萬坪商辦空間，是當時台灣單一建築最大的量體。」做為商辦市場的領先指標，招租工作很早就已經籌劃進行。她表示，「我們沒有競爭對手，主要就是和自己的六萬坪在競爭。」

德國拜耳與法國萊雅，率先承租

達成百分之三十的出租率，是台北一〇一大樓的第一個目標。

招租過程中，台北一〇一除了面積是其他大樓的四至五倍以外，這幢超高大樓與其他企業商辦最不同的地方，在於世界第一高樓的光環，以及台北地標的象徵，超越了一般商業大樓所獲得的關注。楊文琪說，「只要發生一點小事，都會被放大檢視。」

楊文琪認為，在台北一〇一營運團隊工作，擁有專業的對話能力非常重要。一般商業大樓習以為常的事，同樣發生在台北一〇一會立刻變成新聞，除了必須向租戶說明，也要能馬上做出面對媒體的應變措施。一方面租戶也認為，既然是台北一〇一，服務及設施都必須是最優質的。楊文琪說，「尤其是在早期，同仁一定要內心很堅強，才能面對各種壓力及客戶的要求。」

當時招租策略的第一步，就是先找大面積外商租戶承租最先的百分之三十面積，基本上必須以「早鳥」的好價格吸引他們。

二〇〇五年四月，德國拜耳（BAYER）台灣分公司遷入台北一〇一，成為這幢剛創下世界第一的摩天辦公大樓第一間進駐的企業。楊文琪說，「第一家簽約的公司是法商萊雅（L'ORÉAL），但是德國企業拜耳先裝修完工遷入。高知名度的企業簽約遷入，對市場有一定的帶動作用。而德國企業一向對品質及安全的要求高，他們入駐也是背書台北一〇一的品質及安全。」

信義區辦公大樓最高租金

台北一〇一首度公開的租金，是每坪三千兩百元，一出場亮相，就是信義

跨國企業率先進駐台北一〇一辦公樓層，第一個簽約的是法商萊雅，第一個搬入的是德國企業拜耳。

計畫區Ａ級辦公大樓的最高價。

剛落成的世界第一高樓，舉凡電力通訊、電梯速度、結構安全、物業管理等各項系統，都是當時最先進的系統，願意承租的客戶，除了看中地段與地標建築的附加價值，對於許多其他A級商辦不見得做得到的設備與專業管理，也都抱持高度期待。

市場詢問度一直都很高，尤其是跨國企業。外界對於這幢創下數項第一的建築充滿好奇，許多疑問都需要招商團隊提供更完善的解釋。楊文琪說，「為了說服員工搬遷，萊雅提出全公司兩百多位員工要來現場參觀的要求，我們也很樂意，有機會向這麼多人仔細介紹台北一〇一引以為傲的諸多特色。」

提供潛在租戶更多誘因

楊文琪與團隊成員親自帶領參觀，詳細說明大樓各項最先進、安全的設施。當時信義計畫區開發還不成熟，捷運信義線也尚未開通，雖然台北一〇一以強大的品牌力造就出一個全新的辦公商圈，但是對許多有意願的租戶而言，還需要更多的誘因及說服員工的理由。

楊文琪說，「除了設備新穎、樓層坪數夠大，每層樓高達七、八百坪的面積，大公司或是集團可以將所有辦公室都整合在一起，也是一項優勢。」楊文琪舉例，原本有家企業各部門分散在八個樓層，若選擇進駐台北一〇一，只需兩個樓層就可容納所有部門，有助於管理、溝通與協調，無形中對於企業經營成效的提升，有非常大的助益。

此外，第三十五層樓規劃為休憩、生活的便利空間，也是很吸引租戶的規劃特色。

楊文琪說，「啟用後的第一年，靠著全台熱議的高知名度與團隊的努力，招租率很快達到了三成，但之後進度就慢了下來。」招租進度慢下來的主要原因，和整體經濟發展停滯有很大的關係。

台北一〇一設立之初，是跟著台灣經濟發展策略中的亞太營運中心計畫前進。經過七年工程期，台灣及亞洲的政治、經濟環境都有很大的變化，當初希望吸引跨國機構的願景，也跟著重新修正，轉向以本國企業為主。

楊文琪說，「台北一〇一的招租過程，幾乎完全呼應台灣的經濟變化。」高級企業商辦和城市的發展有密切關係，換一個市場就會發展成為另外一種形式。二〇〇五年至二〇〇八年，台灣經濟景氣陷入低潮，較少外資進入台灣，她表示，「我們等於是在一個限制很多的大環境中，自己拚命努力。」

儘早確認大型租戶的意願，是初期招租策略重要的第二步。

世界第一高樓、六萬坪的商辦空間，在招租初期，都需要一家或多家知名度高的大型企業突破市場觀望的態度。楊文琪說，「大公司可以一次去化千坪以上的空間是第一點。」高知名度的企業租戶，也有引領話題、增加市場對台北一〇一信任度的效益。

安侯建業一次承租五個樓層

拜耳、萊雅、麥肯錫、荷蘭銀行、台灣證交所、安侯建業聯合會計師事務所（KPMG），以及巴黎銀行，每一家公司進駐台北一〇一的新聞或是記者會，都是很重要的見證。

楊文琪說，「KPMG搬進來，對當時的我們很重要。」當初得知KPMG要換辦公室的消息，團隊第一步先針對客戶的需求擬定計畫。楊文琪指出，「大公司內部肯定會有各種聲音。」要能說服主要合夥人，讓他們知道大樓安全，要算出最符合雙方利益的數字。她指出，「我親自去做簡報，面對二、三十個會計師，接受他們各種提問。」

二〇〇六年，KPMG正式簽約，租下五層樓約四千兩百坪的面積，成為台北一〇一最大租戶。楊文琪說，「我們的招租率也一舉跨過百分之五十。」

台灣證券交易所的進駐，也是很具代表性的租戶。身為投資股東之一，當初獲得保留一萬坪的辦公室空間。從陳冲擔任董事長開始談，直到吳乃仁擔任董事長加速進度，確定簽約。楊文琪說，「證交所確定搬進來，對於提升企業對承租台北一〇一的信心很有幫助。」

三階段招租策略奏效

面對景氣考驗，「鎖住高樓層」是招租團隊的第三步策略。

第一階段先開放低樓層，等待大環境狀況好轉，招租率跨過目標門檻之後，再進一步公開更高樓層。楊文琪說，「出租率低的時候，租金會被殺得比較低。」鎖住租金相對較高的樓層，她指出，「等之後出租率逐漸上升，或是景氣回升，高樓層就有機會創造更好的收益。」

二〇〇八年政府開放中國大陸旅客來台自由行。台北一〇一觀景台成為主要觀光景點，對原本的設計做了一些調整，也順利將辦公樓最高的八十八樓納入觀景台營運範圍，出租給綺麗珊瑚，創下當時每坪六千元的最高租金紀錄。

楊文琪透露，「一開始，觀景台看到風阻尼球的設計，其實和現在是不一樣的。」當初設計是往下看，只能看到風阻尼球的上半部，但營運團隊認為，風阻尼球的「腰圍」這一圈更值得觀賞，於是新打造出一條通道，讓觀景台的民眾可以順著指示走一圈欣賞風阻尼球的正面，再經過綺麗珊瑚展示廳後離場。她補充，「趕上陸客自由行，吸引許多觀光客，珊瑚也賣得很好。」

從拿下標案開始，整個設計、營造期間，都是支出，沒有收入。完工之後，購物中心、觀景台開始營業，大樓招租持續進行，營收也慢慢增加。林鴻明說，「有收入，僅代表營運逐漸上軌道，只是一個開始而已。」台北一〇一落成之後，雖然遇上大環境不佳、景氣低迷的狀況，但是營運團隊對於建築、空間、設備的「產品力」，一直都有高度的自信。

之後靠著團隊所有人的努力，台北一〇一在不被輿論看好的情況下，提前達成了獲利目標。

15

超前進度的獲利表現

楊文琪說，「台北一〇一，七年順利完工開始營運，還在營運第五年就開始賺錢，真的是世界高樓之中難得的案例。」

從世界高層建築與都市人居學會不同的排行榜中可以發現，有許多超高大樓於規劃之後無法開工，部分在開工之後沒有辦法完工，另外還有不少大樓在完工之後，面臨經營不善、長期虧損的案例。林鴻明指出營運的重點：「一棟超高大樓，最重要是看能不能撐過虧損期。」

集合複雜設計、創新工法、專業團隊的超高大樓，原本就是巨額投資下的產物。投入金額龐大，回收期也隨著不同地區的租金價格，以及招租速度的快慢而有所不同。一棟完工落成的摩天大樓能不能撐過虧損期，走向轉虧為盈，是所有營運團隊最主要的考驗。

台北一〇一主要是靠出租商辦、購物中心，以及觀景台三個部分創造營收。除了辦公大樓的租金收益，購物中心營業額、觀景台門票與紀念品銷售，都和觀光客人數、購物消費能力有很大的關聯。

實踐「三碗飯」理論，激勵團隊士氣

楊文琪說，「能夠在營運第五年開始賺錢，觀光客和觀景台扮演了關鍵的角色。」高度三百八十二公尺的八十九樓觀景台，除了擁有世界最快速電梯，還有三百六十度俯瞰台北的絕佳景觀。此外，台北一〇一擁有近距離參觀全球唯一外露風阻尼球的機會，不但是每一位觀光客必到的景點，也受到許多市民喜愛。

林鴻明指出，「觀景台的營運成本，只有觀景台團隊的薪資及電梯等設備的養護，是初期很重要的收入來源。」

當時觀景台團隊都是二十多歲的年輕人，除了第一年參觀人數不到一百萬人次以外，之後每年都超過百萬人次。為了鼓勵辛苦的第一線工作同仁，林鴻明為團隊設立目標，透過獎勵凝聚向心力。

林鴻明說，「只要目標達成，我就會陪他們去KTV唱歌。」看似不起眼的活動，卻成為很多年輕同仁每個月最期待的聚會。他指出，「唱完歌之後，同仁會為了下個月的獎勵更努力。開心的來上班，用心服務客人。」

帶隊帶心，投其所好，對整個營運團隊都是正面的幫助。

訂立嚴謹的目標，為同仁爭取福利，是林鴻明帶領營運團隊超前獲利的隱藏元素。

觀景台、購物中心受到觀光客青睞，營收逐漸上升；商辦大樓的招租也突破百分之六十，第二階段高樓層招租計畫即將展開。眼看撥雲見日的日子就在眼前，林鴻明為了鼓勵同仁加速前進，特別向董事會爭取提撥營運獎金。

以目標十億元為例，如果超越目標賺了十二億元，就從超出的兩億元中，提撥百分之十五獎勵同仁。林鴻明有一個「三碗飯」的理論：「第一碗，吃飽。第二碗，吃得舒服。第三碗，分給需要的人，當成他們的第一碗飯，意義更重大。」

林鴻明表示，「多賺一百元，發給同仁十五元，還是多賺了八十五元。大家都開心，工作也會更努力，這就是第三碗飯的概念。」

林鴻明補充，「去釣魚的人，一定不是帶自己喜歡吃的起司，而是要帶魚喜歡吃的魚餌。」無論是經營商辦、觀景台或者購物中心，都要有一種「客服」的觀念，除了需了解客戶的需要，也要盡力協助工作人員解決問題。他說，「無論做得多好，如果不是對方需要的，都會是白忙一場。」

展開三年重整計畫，改造購物中心

二〇〇九年一月五日，總經理林鴻明兼任台北金融大樓公司董事長，並且接手原來由陳敏薰前董事長負責的購物中心經營管理。

他上任後的第一件要務，就是邀請廠商，一次五家，一起到辦公室喝茶聊天。林鴻明直接詢問廠商的需要與要求，同仁在旁邊記下，之後請團隊立刻解決。經過幾次會談、解決問題，商場業績也跟著持續上升。

林鴻明說，「正式開幕之後，光是利息和折舊，一睜眼就是一年二十七億元的費用。」每天三百多萬元的利息，一年虧損幾十億元。經營團隊每個人壓力都很大，每個月例行查看招租狀況，掌握下個月或是明年的租戶與市場狀況，都是林鴻明的重要工作。

一開始商辦招租遇到景氣不好，採取第一輪先推出「早鳥」優惠的策略，先做到能夠因應日常支出。林鴻明指出，「因為空著就是直接支出，沒有收入。商場也是一樣，一開始都是優惠價。」等商辦招租率逐漸接近滿租，租金也會愈來愈高。

一樣的道理，當購物中心客人愈來愈多之後，經營團隊也會隨時要掌握狀態、調整櫃位。

低收益專櫃逐漸退出，換高收益進場，一步步轉換，才能慢慢走向最適組合。林鴻明說，「國際觀光客大增，觀景台和購物中心收入直線成長，都還不足以撐起營收目標，一定要商辦、購物中心、觀景台的營收一起達到目標，才有可能賺錢。」

改善經營模式，調整業務型態因應市場需求，是企業經營一段時間後必要的改變。

購物中心生意愈來愈好，面對觀光客的湧入，精品品牌希望擴大銷售空間。林鴻明說，「剛好一些廠商的合約在重談，餐廳也要退出四樓。」林鴻明展現他對未來的信心，營運團隊展開一項三年重整計畫，改造購物中心為全球型頂級旗艦店，成為接下來邁向獲利的重要改變。

二〇〇九年四月，初次當月損益兩平

為了說服國際精品加入台北一〇一旗艦店計畫，團隊同仁開始多次出差歐洲，與各大精品集團、品牌逐一洽談。

團隊提出四樓、五樓的空間改造計畫，將上千坪的走道，改變設計圍入旗艦店室內。林鴻明說，「四樓走道原本是為了連通餐廳所設計，有算在容積內，但是沒有收益。」改變後，四樓平面與垂直空間一起擴大，三樓部分品牌移往四樓，不但能增加銷售空間，也進一步凸顯品牌氣勢。

許多品牌對於擴大空間都充滿興趣，提出預定要兩層樓的要求。此時的台北一〇一因為蒸蒸日上的業績，已經成為各大品牌必爭之地 。他表示，「和之前招商時候的角色完全對調，真的是此一時彼一時。」

一路學習，團隊也從品牌合作上學到「限量」所創造出來的價值。

林鴻明說，「頂級裝修和氣氛，就是要讓客人一踏進店裡，立刻感覺到與

逆向思考的招商策略與大膽進行空間改造，使得台北一〇一購物中心成為各大品牌必爭之地。

眾不同。」路易威登原本在三樓只有一百二十九坪，改到四樓、五樓之後，空間擴大成為六百坪。他說，「DIOR花費超過四億元裝修，據說是全世界最貴的一間店。」

精品品牌裝修，幾乎所有設計與材料都是在歐洲特別訂製，完成後再運送來台灣，投入的成本非常驚人，林鴻明表示，「由此可見，這些全球品牌對台北一〇一購物中心相當期待。」

二〇〇九年四月，首度出現當月損益兩平，林鴻明當時就已經知道，經過多年來艱苦營運，台北一〇一終於要浮出水面了。

二〇一〇年，首度出現盈餘

林鴻明說，「我們第一個月賺錢的時候，魏家還沒有進來。魏家老三找我去喝茶，問怎麼看台北一〇一。」當時華新麗華焦家的焦佑倫、中華開發幾個股東，都有出售台北一〇一股份的意願。他說，「我告訴他們，已經撐了這麼久，就快要賺錢了，不要賣。但是他們已經給了承諾，最後還是賣掉了股份。」

二〇〇九年七月到九月，頂新集團魏家陸續向中華開發工銀、中壽、台新金、華新麗華及其他股東蒐購台北一〇一股權，成為最大股東。

林鴻明說，「那一年大概還虧十億元。」林鴻明分析商辦出租率和營收狀況，他很有把握五年內可以一年賺十億元。

他寫了一個錦囊給朱麗文參考。以每個月的數字分析，預估未來的營收。他表示，「就是畫一張未來獲利的曲線圖，什麼時候可以賺二十億、三十億，之後也都驗證當時算的數字非常接近。」

林鴻明向新的董事會提出，「三年能夠損益兩平，五年內要從一年虧十億元到一年賺十億元」的營運規劃，並要求如果達成轉虧為盈的目標，希望董事會同意出資讓公司員工前往歐洲旅遊，做為獎勵。

受到開放陸客自由行、國際觀光客持續增加帶動，購物中心、觀景台收入穩定上升，營運團隊超前進度，二〇一〇年，台北一〇一首度出現盈餘。購物中心有本地客也有觀光客消費，辦公大樓出租率大幅提升，觀景台人數也超過啟用時的三倍，三大收入來源持續挹注營收。

超前完成的獲利目標，也讓林鴻明在二〇一一年，實現率領同仁前往歐洲旅遊的承諾。

從一開始就奠定好的營運管理基礎，也成為台北一〇一維持價值的重要關鍵。當時，很多國際友人、企業都向林鴻明請教營運之道。

林鴻明回答，「超高大樓絕對不能零賣分散產權，還有，要採用單一管理單位，是兩大重點。」第一，產權出售之後會增加控管難度，容易產生安全顧慮；第二，單一業主管理單位，才能讓組織有效運作。

林鴻明說，「小孩長得很漂亮，栽培成材會更漂亮；如果不成材，最後也會變得不再漂亮。」台北一〇一的外表是世界第一高樓，內在靠的是營運團隊

「一百加一，追求卓越」的認真經營，才有辦法做到超越目標。他欣慰的說，「還好我們不負所託，以成功的經營，讓一棟許多人努力建造的城市地標，表現出了真正的價值。」

第四部——城市地標的價值

16

高樓藝術與城市互動

台北一〇一正式開幕前，向世界宣告台灣成功打造世界第一高樓的最佳國際宣傳，是在二〇〇四年十二月二十五日，「法國蜘蛛人」亞蘭・羅貝爾（Alain Robert）完成攀爬台北一〇一的成功挑戰。

從城市的角度，地標建築能成為獨一無二的存在，主要在於能和社會、文化建立連結，進一步發揮影響力，擴大國際視野。

林鴻明說，「當時，國際上對台灣最有記憶的新聞點，主要是和地震、颱風有關的天災。」法國蜘蛛人到全世界各地，專門挑戰攀爬當地最高的大樓，得知新的世界第一高樓即將在台北落成，便主動聯絡營運團隊，希望能挑戰台北一〇一。

即將落成的世界第一高樓，當時正缺乏國際宣傳管道，法國蜘蛛人來的正是時候。

法國蜘蛛人主動下戰帖

收到挑戰訊息後，營運團隊與法國蜘蛛人雙方展開密切聯繫，最後協調出來的活動時間，剛好是十二月二十五日聖誕節。林鴻明笑著說，「這位法國人放著聖誕節不過，要來爬台北一〇一，可見挑戰的決心有多麼瘋狂。」

更瘋狂的是，法國蜘蛛人一開始堅持徒手爬。

台北的冬天有東北季風、經常下雨，高樓風切也非常大。營運團隊希望至少要使用安全繩索，但是法國蜘蛛人非常抗拒這項提議。林鴻明說，「蜘蛛人有想要挑戰自我的堅持，但是台北一〇一也需要降低發生意外的風險。」當時公關團隊非常害怕出狀況無法承擔，一度想要放棄這項活動。

林鴻明說，「我告訴對方，如果要爬台北一〇一，一定要用安全繩，否則就放棄。」蜘蛛人攀爬台北一〇一的挑戰是會在國際宣傳的，如果發生意外，就會變成國際危機。營運團隊沒有「賭」的本錢。

台北一〇一的多節式外觀，八個結構單元上的八個平台，再度發揮了當初設計之外的作用。

營運團隊聘請專業登山教練協助安全救援。林鴻明說，「每個平台都安排專業人員待命，一旦發生狀況，他們就會立刻爬出來將蜘蛛人拉進大樓。我們能做的，就是為他安排更多的安全準備。」

十二月二十五日當天，亞蘭．羅貝爾一身緊身衣，上午十點從台北一〇一的一樓出發，往大樓最高點前進。當天下雨，又遇上強風，攀爬的難度大增，除了綁上安全帶，他也將雙手塗上防滑粉吸收汗液，增加手掌與牆面之間的摩擦力。

林鴻明記得很清楚，「大樓玻璃外牆沾滿雨水，風又很大，他一度破例用繩索攀爬。」當亞蘭．羅貝爾爬到九十一樓時，在大樓平台吃著林鴻明遞給他的巧克力，補充能量和水分。

亞蘭．羅貝爾一面休息，一面研究爬上塔尖的方法。最後總共花了四個半小時，比原訂時間慢了兩個半小時，在下午兩點半成功爬上五百零八公尺的塔尖頂點，取下台北一〇一的旗幟，下來交給林鴻明，完成挑戰。

「法國蜘蛛人徒手攀爬世界第一高樓」受到許多國際媒體矚目，美國有線電視新聞網（CNN）也做全球的實況轉播。轉播時間有好幾個小時，攝影機不會只專注在攀爬過程，路透社記者也以剛落成的世界第一高樓為主題，對林鴻明進行訪問。

充滿東方意象的外觀，結構如何抗震、抗風，以及全世界最快速電梯，都透過訪問傳向全世界。林鴻明記得當天又冷又濕，還有很多民眾在外面一起觀注攀爬過程。活動達到成功的國際宣傳效果，也和市民做了很好的互動。林鴻明說，「透過轉播，法國蜘蛛人徒手攀爬世界第一高樓，讓全世界都知道了台北一〇一，等於是賺到了四個小時的全球免費廣告。」

外牆點燈，高樓與城市互相映照

營運的前幾年，團隊非常努力在打造城市連結與國際名聲。

二〇〇五年四月十九日，台北一〇一的外牆以燈光打出質能互換公式 $E=mc^2$，慶祝愛因斯坦提出相對論一百週年。十一月十一日，台灣最具國際知名度的樂團「五月天」，在三百九十點六公尺高的九十一樓戶外觀景台上，舉辦「史上最接近天空演唱會」，吸引樂迷的目光。

同年年底，營運團隊在五十九樓至九十樓的四面排出聖誕樹的圖樣，為城市的歲末年終點燃濃厚的聖誕氣氛。楊文琪說，「一般商業大樓只需要商業交易，但是台北一〇一除商業交易外，還有不一樣的責任。」除了專業的經營管理，透過公共藝術與主題活動，讓建築與城市產生溝通，讓世界看見台灣，都是台北一〇一責無旁貸的使命。她表示，「之後，每一次外牆點燈的主題，無論是倒過來的『春』還是『新年快樂』，都如同建築與市民的對話，不但有很好的宣傳效果，也傳遞出台北一〇一與城市同在的理念。」

建築總預算千分之五打造公共藝術品

台北一〇一不僅有外在的高度，也有充滿豐富意涵的內在空間。

除了將建築不可或缺的系統設施風阻尼器大方外露，成為享譽國際的公共藝術品，台北一〇一也是台灣第一座完全根據《公共藝術設置辦法》，完整設置公共藝術的企業大樓。以超過總建築費用千分之五的公共藝術設置預算，廣邀國際藝術家合作，讓藝術作品成為空間與參與者互動的交流平台。

來自美國、加拿大、英國、德國、法國、新加坡、香港與台灣等地的藝術家，共同參與了這個專案，陳列作品包括美國普普藝術大師羅伯特・印地安納（Robert Indiana）的名作《LOVE》，以巨大的紅色雕塑之姿，吸引人們的目光；另一件有「0」至「9」阿拉伯數字的作品，也是該藝術家的創作，以彩色的數字象徵金融交易的行為，與人類生命的週期。

香港張義的大型雕塑品《印信》，嵌在石材地面，兼有誠信及祝福的雙重意涵。

還有銅製的《印信》，是香港張義的大型雕塑品，嵌在石材地面上，以九宮格的形式銘刻九個祝福詞語，不僅對租戶及訪客獻上深遠意義的祝福，印信也象徵企業主的誠信。

戶外銅雕《都市交響曲》則出自英國雕刻家吉爾・華生（Jill Watson），購物中心都會廣場地面的黑色花崗岩、白色大理石製的《世界之環》由台灣藝術家莊普製作，德國藝術家蕾蓓卡・洪（Rebecca

《都市交響曲》，出自英國雕刻家吉爾．華生之手。

黑色花崗岩、白色大理石製的《世界之環》由台灣藝術家莊普製作。

Horn）的《陰與陽的對話》，以設計巧妙的機械動力，演繹古老與現代、有形與無形、自身與他者等多重意涵，呼應台北一〇一為人們帶來的多重可能性。

象徵宇宙萬物的《天地之間》，由法國藝術家艾瑞爾．穆索維奇（Ariel Moscovici）以街道家具的形式創作，蛋形水景噴泉《星月交輝》以及搭配水舞和音樂的「龍躍雲端」噴泉，則來自加拿大 Crystal Fountain 公司提供的作品。

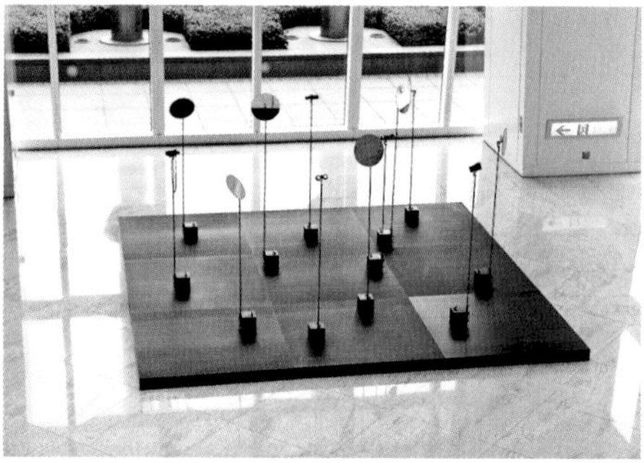

1

2

3

1 《陰與陽的對話》，由德國藝術家蕾蓓卡・洪精采演繹。
2 法國藝術家艾瑞爾・穆索維奇以街道家具的形式創作《天地之間》。
3 蛋形水景噴泉《星月交輝》來自加拿大Crystal Fountain公司。

設置公共藝術的初衷，是希望讓民眾可以認同與感受台北一〇一的開放性。不同國籍藝術家的作品，每一件都展現出建築與城市互相映照的體驗，都象徵台北一〇一接軌國際的不同樣貌。

「信義路廣場上普普藝術的代表作《LOVE》，是觀光客最愛的拍照點，」楊文琪說，在紐約、東京、馬德里、上海等各國主要城市，都可以見到同系列的作品。跨越東西文化的差異、跨越不同族群及國際的藩籬，以作品本身傳遞世界共同的語言，都正好與台北一〇一與世界開放交流的姿態不謀而合。

藝術與活動是建築與城市互動的重要媒介。以藝術為平台，讓參與者進入空間的同時與建築產生連結，進一步創造國際知名度，也是台北一〇一身為城市地標的責任。

退役電梯鋼纜重生為藝術品

二〇一二年，台北一〇一的兩台世界最快速電梯更換主要鋼纜，汰舊換新後留下幾十卷廢棄鋼纜。林鴻明說，「相較於一般電梯二十年換一次鋼纜，超高速電梯載運了千萬人次就需要更新，當東芝用精密儀器檢測後提出更換要

藝術家康木祥發揮創意，讓退役電梯鋼纜重生為藝術品《無限生命》。

求，雖然很昂貴，我們也必須更換。然而，大量退役鋼纜直接丟棄，實在很可惜。」

林鴻明認為，如果能讓大批換下的電梯鋼纜成為藝術創作的媒材，不但符合環保概念，對鋼纜而言也是一次重生的機會。藝術家康木祥，碰巧得知這批鋼纜，就提出想以鋼纜創作的意願。經過半年的構思，獲得林鴻明的認同後，又花了一年半時間製作出來。

康木祥創作出的《無限生命》，將鋼纜堅硬的質地，轉為柔軟的視覺線條，賦予這些原來承擔電梯載運功能的鋼纜完全不同的形象，展現出生命強大的韌性。

林鴻明說，「透過藝術作品讓電梯鋼纜重生，剛好符合台北一〇一身為綠建築，以及友善地球的概念。」《無限生命》於二〇一三年完成後，雖然林鴻明已不再擔任台北金融大樓公司董事長，但是台北一〇一很支持這個理念，繼續提供淘汰的鋼纜交由康木祥創作。

富有意義的鋼纜藝術作品廣受國際矚目，持續受邀到瑞士、美國、德國、法國等國家展出。林鴻明欣慰的表示，「作品所展現的情感，不但跨越國際，也將台灣的堅毅精神及環保理念帶向世界。」

伙伴紀念碑，留下生命印記

眾多公共藝術作品中，獻給所有參與者的「伙伴紀念碑」，是台北一〇一建築歷程的生命印記，也是引發記憶共鳴與延續未來故事的城市靈魂。

林鴻明說，「三二一大地震之後，工殤團體提出建碑紀念罹難伙伴。」工程期間發生意外，大家都很悲傷，對於工殤團體提出的想法也很認同，林鴻明補充，「只是不斷在討論要以什麼方式呈現。」

營運團隊幾經思考之後，認為所有參與建造的人，在不同時候、不同階段都留下了同樣重要的貢獻，因此最後決定擴大建碑的規模，以藝術作品形式展現，也在這士氣低落時，激勵鼓舞團隊。

林鴻明說，「不但要感念建造過程意外罹難的伙伴，也要將這分感動，獻給親身參與台北一〇一建造過程的所有人。」

歷經意象、造形、材質、命名、選址、資金來源等建碑必須面對的複雜過程，「伙伴紀念碑」由新加坡玻璃藝術家 Florence Ng，以七巧板的概念、半透

伙伴紀念碑，有工殤者及一萬多個參與者的名字，留下生命印記，並彰顯打造地標的團結協作精神。

明琉璃磚材、色彩繽紛的多元姿態，佇立在信義路大門旁的廣場上。

七座彩色琉璃碑，第一座刻下六位工殤伙伴的姓名。第二座至第七座，則以斜角、直線構成的幾何圖形堆疊，感謝曾經參與勞動工程、設計規劃與投資的所有伙伴。透過可以駐足、觀賞的藝術形式，感念為興建這棟大樓貢獻的所有人，也讓參與建造過程的人能帶著兒孫找到紀念碑上自己的名字，與後代分享成就感。

二〇〇七年四月，紀念碑揭幕，營運團隊邀請工殤家屬一起參與揭幕儀式。淒風苦雨的傍晚，距離購物中心大門最近的第一面琉璃牆上，鑲著白色透明長方形框架的主碑，上面刻著六名罹難伙伴的姓名，以及用中、英文書寫的主碑文。

林鴻明說，「燈光亮起來真的很漂亮，也很感動。」他一直記得三三一大地震的時候，有一對兄弟在高樓作業，弟弟目睹哥哥墜樓，造成心中極大創傷。正式點燈當天，弟弟站在琉璃碑前面很久，他看著哥哥的名字說，「等哥哥的小孩再大一點，一定要帶他來看，這是他爸爸的名字。」

公共藝術是活絡空間、提升城市意象的媒介之一。若是能以公共藝術延伸建築脈絡，城市的精神就能藉由民眾共同的情感記憶，將時間保留下來。林鴻明說，「謝謝所有曾經一起努力的人，台北一〇一永遠記得每一個人的奉獻。」

17

變身為世界最高綠建築

二〇一一年七月，夜晚的台北一〇一大樓綠光環繞，高樓層白色「LEED」和綠色「Green on」閃耀。

歷經多年努力，台北一〇一終於獲得美國綠建築協會（U.S. Green Building Council, USGBC）能源與環境設計領導認證（Leadership in Energy and Environmental Design, LEED）最高等級白金級認證，同時成為全球最高的綠建築大樓。

打出「LEED」和「Green on」主題，宣示台北一〇一永續發展的承諾，也與國人共享這得來不易的榮耀。

營運團隊二〇〇七年推行內部節能計畫，是導入LEED認證的開端。

二〇一一年七月，台北一〇一白色「LEED」和綠色「Green on」閃耀，與國人共享得來不易的「全球最高綠建築」榮耀。

LEED認證是美國綠建築協會所發展，以第三方的立場，驗證建築物採用各項策略改善節能、用水效益、室內空氣品質及資源回收等效能的成果。

負責導入LEED計畫的楊文琪說，LEED是在適合人居的前提下，涵蓋永續基地、節水、省電、資源回收、環境品質、創新營運及區域優先等面向的均衡系統。

台北一〇一投入LEED認證，是希望透過第三方立場，去檢視大樓在環保項目上的表現。

楊文琪說，「台北一〇一先天體質就很好。」台北一〇一在規劃之初，已經設置包括雙層隔熱玻璃、雨水回收系統、垃圾投遞系統、T5燈管，以及能源監控系統等環保設施。許多永續概念的規劃與設計，都為之後的綠建築認證打下了良好基礎。落成啟用之後，營運團隊為了節省電費，開始實施許多節能計畫，也從一開始就宣導租戶做廢棄物分類回收。

直接向最高等級挑戰

二〇〇九年十二月，台北一〇一向美國綠建築協會正式註冊，展開

LEED認證過程。

楊文琪帶領大樓營運團隊，聘請三家顧問公司，依據LEED七大領域的評分標準，先從強化設備效率的改裝工程，以及需要各企業租戶配合的物業管理兩大方向，進行檢視與溝通協調。

LEED認證等級分為「合格」、「銀級」、「金級」與最高等的「白金級」。台北一〇一原本預計利用二十一個月的時間，申請「金級」標準認證。申請過程中，顧問團提出很多物業管理的機制，都是不用增加成本就能拿到分數的實用建議。

楊文琪說，「只要依照量化的指標和計分方式，就可以估算大樓的得分以及需要付出的成本。」初期評估已經超過金級標準，於是決定將申請等級再往上提升，直接向最高等級的「白金級」挑戰。

以「未來的標準」納入環保概念

以「未來的標準」打造的台北一〇一，在建築設計之初，已經將環保節能的概念納入核心。

外牆的玻璃帷幕採用雙層隔熱玻璃，能阻隔熱與紫外線，減少熱能吸收，降低室內空調的消耗；雨水回收系統，可以將蒐集的雨水再利用為景觀澆水；以及垃圾投遞系統，節省貨梯運送垃圾的時間和能源，也能讓垃圾減量。

楊文琪說，「評估重點在與標準值的比較及改善。首先找出低成本和零成本的項目，再訂定策略及管理規定。」

提高能源效率的第一步，是先將所有後場的照明設備重新檢視一遍，執行節能措施。

先逐步減少燈管數量，還沒用T5燈管的地方改用T5燈管，楊文琪說：「一些多餘的設備也會調整。廁所鏡子上下方一排五根燈管，各拆掉旁邊兩根，不但對照明效果沒有影響，還能馬上節省五分之二的電力。而全棟樓有一百多間廁所。」

之後進行全大樓上萬個溫感器校正，再幫上千座馬桶、小便斗、洗手台加裝節水閥，測量每間辦公室的溫度與濕度等。楊文琪說，「花了九十多萬將全棟樓用水設備換上節水閥，立刻省下百分之六十的水資源，部分空調設施改用變頻，調高公共空間的空調溫度，也立刻省下大筆的空調電費，實際回饋給租戶。」

智慧管理系統達到高效節能

楊文琪說，「從冰水主機管控到辦公區空調箱，台北一〇一當時有世界最大的建築物管理系統。」照明、空調、電力等各項系統，都有一套能源管理控制系統進行全時段監控。

透過智慧型連線，能源管理控制系統可有效整合電力監測、發電機管理、冰水主機控制、照明控制、區域泵浦變頻控制。

楊文琪進一步補充，「不僅如此，連安全管理、消防系統及停車場管理，都能透過智慧中央控制達到高效的節能目的。」

除此之外，完善的廢棄物分類回收管理及垃圾投遞系統，也對整棟建築的節能、環保有很大的幫助。

台北一〇一的垃圾投遞系統，從地下二樓到八十四樓共分為四小段，每一小段都設有一組鍘碎機。非回收垃圾透過六十七個投遞門投入系統，再以鍘刀切碎。被切碎的垃圾真空吸入輸送管，一路送到地下二樓的廢棄物處理中心，再壓縮體積後運出。

楊文琪說，「相較於逐層收垃圾的方式，二〇〇五年啟用的這套全台最高垃圾投遞系統，有效降低了運送垃圾的人力，以及貨梯使用率。減量、減重的垃圾，也減少了車輛運送趟次，對於降低碳排放量及清運處理費用，都有很好的成效。」

考驗團隊的耐力與執行力

許多申請LEED的建築，都是在規劃階段就已經導入綠建築設計。台北一〇一營運多年之後才進行申請，相較之下，需要付出更多心力。

楊文琪說，「營運中既有建築類別（Existing Building），審核標準比新建築更嚴苛，因為要提出實際的營運數據，不是只用設計的數據。此外，預算有限、租戶協調，也都需要團隊花費更多心力才能達到標準。」已經營運的既有建築，必須在節水、節電、空氣品質、室內環境品質、資源回收等項目上，逐一實證成效。她表示，「這時候，必須要有大樓內所有企業租戶的支持及配合，才有可能達成。」

永續基地、用水效率、能源效率、物料資源、室內環境品質，都是LEED的認證項目。團隊同仁除了要一一向大樓租戶說明及溝通，為了執行改善計畫，也要分別進入租戶辦公室，進行測量日照、空氣品質、空調用量等檢測，並且隨時知會各公司目前流程的執行進度。

楊文琪說，「不僅要有從不起眼的小地方逐一改善的耐力，還要有不怕麻煩的執行力。」團隊同仁逐一拜訪租戶，要求配合綠色採購、節約用電，並且向大樓上班族提出盡量使用大眾運輸系統、減少交通能耗的呼籲。

投入超過五千五百小時，成就世界最高綠建築

楊文琪說，「除了靠營運團隊耐心完成無數繁瑣的小事，也要感謝大樓租戶的配合與支持。」例如裝修指南要納入環保要求，裝修廢棄物的後續處理、降低空氣中的有害物質等特別要求，都需要營運團隊追蹤細節以及租戶的認同與配合，才有可能完成。

楊文琪語帶欣慰的表示，「靠著所有人的一起努力，台北一〇一才能在各項審核中，拿下一分又一分。」

團隊同仁投入超過五千五百小時，歷時二十四個月，總文件達一萬七千一百六十頁，其中兩千五百頁的文件遞交給美國綠建築協會的評審單位。

二〇一一年七月，美國綠建築協會正式宣布，台北一〇一獲得LEED既有建築類別最高等級白金級認證，是白金級認證建築中，最高也是最大面積的建築，成為名副其實的世界最高綠建築。

楊文琪說，「能夠得到最高等級的白金級認證，主要還是靠台北一〇一良好的先天體質，以及營運後的高效管理，還有全體租戶的配合。」這套系統是由各方面評分加總，不一定要花費高額預算進行全面改裝才能拿到分數。她說，「僅花費約六千萬元，就獲得總認證數僅百分之五的白金認證，絕對是一項了不起的成就。」

台北一〇一成為全球最高的綠建築，也另外創下LEED白金級認證的最大量體，以及世界上最多不同使用單位的綠建築兩項紀錄。

引領全球趨勢的「綠租約」

為了創造優質環保的辦公環境，台北一〇一將「綠色條款」加入租約與租戶手冊，成為符合全球趨勢的「綠租約」。

綠租約的內容包括租戶環保承諾、綠色清潔政策、日常廢棄物回收要求、裝修工程廢棄物回收、廚餘回收、低汙染環境衛生措施、綠色採購、使用環保節能燈具等內容。她表示，「企業維持綠租約內容，不但可以節能減碳，也能省下水、電費用。」

國際上，許多大企業普遍都已經將環保概念納入公司政策。台北一〇一身為許多國際企業進駐台灣的首選，達成LEED白金認證，也會讓跨國公司更加認同。

楊文琪說，「環保節能，其實是一種很務實的投資。」透過LEED認證，為大樓提高能源使用效率，也塑造健康舒適的辦公環境。她指出，「獲得LEED認證的台北一〇一，在租賃市場上也更有競爭優勢。」

環保節能建立在減少、再利用與循環的基礎上，若想朝向永續發展，則需要進一步在經濟、人文社會與環境方面尋求發展與平衡。

二〇一〇年一月四日，杜拜塔完工開幕，成為世界最高大樓。台北一〇一褪下世界第一高樓的光環，之後仍以LEED白金認證維持「世界最高綠建築」

至二〇一六年，國際肯定的背後，是經營團隊努力的成果。

台北一〇一走在前端趨勢上的綠色永續管理，展現了不同的內涵與深度，也向國際證明，台灣在世界超高建築與綠建築領域的重要地位。

一窺台北一〇一綠建築奧祕

雙層隔熱玻璃帷幕：台北一〇一是台灣第一幢採用雙層隔熱低輻射玻璃帷幕的大樓，可減少熱能吸收，降低空調消耗。

能源管理控制系統：主要用電設備皆納入系統監控，有監測才能管理。耗能最多的空調系統以最適模式操作，達到舒適又節能的效果。

室內空氣的二氧化碳監控：感應器監測空調箱回風的二氧化碳數值，超過六百ppm，就自動引進新鮮空氣，以控制室內空氣的二氧化碳濃度。

雨水回收系統：在每一斗的平台地板隙縫連接雨水回收的管路，接到地下雨水回收水箱，運用在廁所沖水和澆灌戶外景觀等。

垃圾投遞系統：每層辦公樓層設置分類回收箱，無法回收的生活垃圾則在蒐集後，由清潔人員投入投遞系統，經由鍘刀切碎後，真空吸到地下二樓專用垃圾箱，再經壓縮機縮小體積，運送出去。此系統可節省大量人力及貨梯運送的能源消耗。

18

全球矚目的跨年煙火

「五、四、三、二、一！」璀璨煙花向四周綻放，台北與全球一同迎接新年的到來。

每一年的最後一天，跨年前的最後一分鐘，台北一〇一外牆燈光會完全熄滅，周遭幾十萬人仰望大樓、屏息以待。閃爍或熄滅燈光為即將到來的煙火秀掀起高潮，民眾與逐層熄滅的燈光一起倒數。

從二〇〇四年十二月三十一日，台北一〇一團隊慶祝落成的第一次三十五秒煙火秀至今，每年在大樓層層堆疊的平台上向四周發射的高空煙火，已經成為台灣重要的國際象徵。

每年不同主題、不同設計的煙火，都會從大樓每八層樓的戶外平台，向外往上施放。台北一〇一首創的超高大樓煙火秀，吸引大批國際媒體採訪報導，也被其他超高樓仿效，不但是台灣跨年的代表，也是世界矚目的焦點，被喻為一生必來一次的跨年煙火觀賞活動。

報價兩百萬歐元的燈光秀提案

在舉世矚目的第一次高樓煙火之前，營運團隊其實沒有要在台北一〇一施放煙火的計畫。

林鴻明說，「第一次煙火之前，放了一次沖天炮，算是之後真正煙火秀的小前傳。」一開始只是工程團隊慶祝完工的小活動，沒想到之後會成為台灣最重要的年度大事，每年吸引無數觀光客及市民前來同歡。

歷經多年的辛苦，順利完成塔尖頂升之後，台灣史無前例的艱難工程宣告完工。

工程團隊人人都很興奮，包商們各自贊助一些費用，舉辦聯歡晚會，也買了很多沖天炮在空地施放，慶祝世界第一高樓在台北落成。林鴻明說，「記得有人開玩笑說，台北市不能放沖天炮，會被抓去關，結果馬上有人回說，終於完工了，就算被抓去關也無所謂。」可見工程團隊對於在台灣完成一項世界級工程壯舉的興奮之情。

沖天炮慶祝過後，一些收尾的工程繼續進行。營運團隊收到一間國際燈光活動公司的提案，建議在世界第一高樓正式開幕的活動上，施放燈光煙火秀。

林鴻明說，「收到煙火秀的報價是兩百萬歐元。」工程完工、錢也都花光了，根本沒有放煙火的預算。苦無經費的營運團隊，轉向詢問中央政府的意見。他指出，「台北一〇一即將代表台灣聚焦全球目光，總統認為燈光煙火秀的提案是台灣登上國際舞台的好機會，立刻請行政院支持台北一〇一的開幕計畫。」

不過，政府支持這項煙火秀，有開出幾項附帶條件：第一，台北一〇一必須以主辦方身分施放煙火，舞台必須背對建築物，這樣之後發布的宣傳影像才能彰顯建築物的宏偉。其次，必須邀請到英國廣播公司（BBC）、美國有線電視新聞網等國際媒體，以台北世界第一高樓燈光煙火秀為主題，向全球聯播五分鐘。

依據行政院提出的條件，營運團隊向主管機關台北市政府提出活動計畫。

沒想到台北市政府的回覆是，不同意舞台設置方向。林鴻明說，「兩項中央開出來的條件，第一項就被台北市政府拒絕，第二項也就不用勉強了。」

營運團隊最終沒有拿到任何補助，只能放棄該公司的提案。

既然沒有拿到補助預算，也不用太執著。林鴻明直接轉念，將原本盛大的計畫縮小，決定在營運團隊能力範圍內，自行舉辦一場簡單的煙火秀。他說，「世界第一高樓完工，一定要慶祝一下，放煙火和民眾一起分享台北一〇一的喜悅。」

人工控制的第一場煙火秀

當時，全球還沒有超高大樓施放過煙火，除了「安全第一」的原則之外，營運團隊沒有任何對象可以參考。

位在市中心的台北一〇一，和過去在河堤等空曠地區放煙火的地理條件不一樣。在安全原則下，必須採用管徑比一般節慶煙火更小、不會產生落彈、可以完全燃燒的低空煙火。

林鴻明說，「選擇好煙火類型後，先請煙火專家精密計算火藥量、安裝距離、風向，營運團隊再共同參與其他相關細節。第一次三十五秒的煙火，真的是很克難。」

夜空中施放的煙火，必須在大樓燈光全部熄滅的情況下，才能展現出應有的燦爛。

放煙火之前，燈光要全滅；煙火放完，又必須馬上恢復照明。每一斗的平台上，都有燈光往上的探照燈，這種複金屬燈是慢慢亮起來的，手動將燈關掉後，再啟動需要十分鐘才能全亮。如此一來，一定會拖累煙火秀的演出，這個問題讓團隊傷透腦筋。

林鴻明說，「經過幾次試驗和預演，發現以人力手動處理燈光問題，是最有效率的方法。」每八層樓的戶外平台上，四個角落各有一盞探照燈。每盞燈旁邊各請兩位同仁合拿一塊大型遮光板，所有人利用對講機聯絡，依照控制中心的指示，以手動的遮光板，人工控制整棟建築的燈光明滅。

一切準備就緒，同仁將遮光板蓋上探照燈，大樓玻璃帷幕內的燈管，由下往上逐層熄滅。

倒數完畢，煙火從平台向四周發射，三十五秒的燦爛，為剛落成的世界第一高樓獻上祝福，也為新的一年拉開序幕。

東北季風和地面溫差形成大考驗

台北一〇一，是人類史上第一幢高度超過五百公尺的超高建築。第一次的跨年煙火，是全球首次在摩天大樓施放大型煙火。大樓塔尖五百零八公尺的高度，也成為當時世界施放點最高的煙火。

從第一次三十五秒的高樓煙火之後，台北一〇一煙火就此成為每年歲末台灣最受期待的跨年盛事。

超高大樓施放煙火，並不是一件簡單的事。隨著活動愈來愈受到期待，煙火的變化、施放的主題以及贊助經費，也成為營運團隊的重要工作，需要花費整年的時間進行籌備策劃。

林鴻明說，「台北一〇一的附近建築物密集，跨年當天會聚集近百萬人前來倒數，安全是最重要的事。」要顧及附近高密度群眾的安全，必須經過不斷的測試。

一般的煙火都是在河邊安裝及施放，縱使有未爆彈，也不會傷到人，工作空間很寬闊。台北一〇一使用的是管徑小的煙火，以防止未爆彈可能引發的風險。

林鴻明補充，「另外，冬天的台北，東北季風強勁，高樓層不但風大，與地面溫差也很大，霧氣、冷風或是下雨等天氣狀況，對煙火團隊都是重重考驗。」

每年最後一個月，煙火團隊在大樓外面布置煙火，營運團隊同仁也沒閒著，必須每一層樓、每一間公司逐一拜訪，請租戶配合相關措施。楊文琪說，「第一年放煙火的時候，大樓還沒有租戶，每一層樓都可由營運團隊控制。」隨著租戶愈來愈多，每年的最後一天，團隊同仁在跨年煙火施放前的各項確認也愈來愈繁瑣。

楊文琪說，「當天要確認每一扇窗簾都要拉起，前一個月開始要確認窗簾後面燈管的狀況，有問題要馬上修理或換新。」窗簾後面的燈管是建築原有的燈光規劃，裝設在每一戶的窗簾內，維護時必須要進入租戶空間。煙火施放完畢後，大樓外牆上下跑動的燈光，就是來自這些窗簾後的燈管。她表示，「只能一間一間公司去拜託，請他們配合我們進去檢修。」

跨年當天晚上十一點半，大樓電梯會全部關閉，禁止人員進出。每層樓的燈光在倒數聲中熄滅，全世界最漂亮的高樓跨年煙火點燃夜空，迎接新年到來之後，整棟建築再度亮起。

台北一〇一成功的高樓煙火秀，成為世界主要城市摩天大樓仿效的對象。因為台北一〇一的跨年煙火，美國有線電視新聞網將台北列入「全球十大跨年城市」。

一棟超高建築的落成，代表了城市的工程技術、文化與經濟實力。林鴻明說，「透過台北一〇一，Bringing Taipei to the world, bringing the world to Taipei，我們確實做到了。」

台北一〇一每年的跨年煙火，已成為全球盛事，創造多元價值。（左頁圖）

一探台北一〇一煙火秀

每年十二月三十一日到一月一日，跨年施放。自二〇〇三年至二〇〇四年首次施放，每一年都有跨年煙火秀。以下為幾次別具意義的煙火秀：

二〇〇三年／二〇〇四年，大樓燈光由下往上逐層熄滅倒數計時，首次施放三十五秒煙火秀。

二〇一〇年／二〇一一年，慶祝中華民國建國百年，施放三萬發煙火，時長兩百八十八秒，由知名爆破藝術家蔡國強設計。

二〇一一年／二〇一二年，由於邁入民國一〇一年，恰好呼應一〇一大樓的名稱，兩個一〇一相加，以兩百零二秒時間共發射三萬發煙火，全球一百五十個國家同步播出。

二〇一六年／二〇一七年，由法國團隊 Groupe F 設計，引進八百盞、五百瓦電腦燈光，搭配兩萬發煙火，時長兩百三十八秒，首度結合燈光演出。

二〇一八年／二〇一九年，由煙火公司「鉅秀」與創意設計團隊「底嗑敘事」合作，共同打造有別以往之煙火表演。這一年的煙火動畫表演，也獲得紐約第九十八屆 ADC Award 藝術指導優選獎。

二〇一九年／二〇二〇年，打破以往只有歌手演出的形式，藉由與不同領域人士跨界合作，突破單管煙火限制，可以同時呈現兩種型態、三種色彩，展現多重煙火變化。

二〇二〇年／二〇二一年，三百六十度全景視角，結合燈光、音樂，呈現四面立體特效輪狀效果。

結語——一〇一的「一」，圓滿後的新開始

台北一〇一從投標開始，已經二十五年了。

然而，近十年的每年年末，宏國關係事業副董事長林鴻明都會參加一個聚會。參加的人都暱稱為「一〇一校友會」，主辦者是一個簡稱為「熊建會」的單位。

「熊建會」的全名為「台灣熊建築工程促進會」，是一個營造工程界聯誼性質的團體，由參與台北一〇一工程的日本營造廠熊谷組在台籌組，希望達到情感相互交流、業務互相支持，以及共同提升台灣建築工程施工水準的目的。目前，熊建會的成員涵蓋一百多家公司，將近九成都參與過台北一〇一的工程。

熊建會名譽會長有兩位，一位是華熊營造榮譽董事長田代靜夫，另一位就是林鴻明。

熊建會是這樣介紹林鴻明的：「宏國關係事業副董事長，台北一〇一大樓的催生者，也是施工期間的總工頭，帶領團隊創造世界第一，同時在大樓初期的穩定經營，讓今日的台北一〇一在國際地位屹立不搖。可說是Bringing Taipei to the world, bringing the world to Taipei.」

現任總幹事林培元，參與台北一〇一營造工程時，還只是個三十出頭的工程界菜鳥，現在他已是華熊營造的副總經理，肩頭上有了傳承寶貴工程經驗的重擔。

他不諱言的說，「是台北一〇一提拔了我！」不僅如此，他還表示，當年KTRT成員有兩百多人，其中一半都是像他一樣的年輕人，大部分的人都還留在台灣的工程界，現在都是每家公司重要的幹部，為台灣繼續貢獻所長。

連續幾年來，熊建會都會舉辦歲末年終公益募款活動，秉持的正是林鴻明所強調的「第三碗飯」的精神。

以二〇二一年的募款活動為例，特別支持主動廚房、幫助脊椎損傷的病友，以及提供獎助金幫忙一位家境清寒的土木工程系學生；才開始募款第二天，會員就熱情響應，年度募款目標金額幾近達標。

林培元說，熊建會會員之所以如此認同彼此，「最根源來自大家在台北一〇一，因為克服種種極為困難的限制和挑戰，而建立起的情感。」

從關心人的本質去思考

台北一〇一的興建營運過程，所面臨的種種艱難限制和挑戰，第一時間承擔起來的，就是林鴻明。

因此，台北一〇一的興建營運過程，也是林鴻明以勇於面對的個人特質，帶領團隊，擔負壓力，一路面對挑戰、解決困難的過程。

林鴻明是台北一〇一大樓的催生者，也是施工期間的總工頭，帶領團隊創造世界第一，同時在大樓初期的穩定經營，讓今日的台北一〇一在國際地位屹立不搖。

林鴻明提起，「任何事情都有一體兩面。碰到困難的時候，懂得轉念很重要。」他讀國小的時候，曾經在書裡看過一段話：「與其詛咒黑暗，不如點支蠟燭。」雖然當時年紀很小，卻被這句話深深觸動，也一直記在心裡。

林鴻明這麼認為，「人生如果要自尋煩惱，永遠都是煩惱。靜下心，往好的方面尋找解決的方法，就是轉念。」

出身工地的林鴻明，看待事物的方式不是從意識型態或既有概念出發，也不會刻意站在問題的對立面，而是以同理心的角度，保持慈悲心和平常心去面對挑戰。

他解決問題的方式，是從關心人的本質去思考，以釐清問題的方式，自然找出能通行的道路。

能夠建立慈悲心，碰到困難就不會懼怕。平常就要有承受壓力的能力，面對困境能展現韌性，則是平常心的表現。

永遠沒有最完美的解決方案，只有當下最合適的方法。他說，「不要沉溺、糾結在問題裡，要能夠跳出來解決問題。」

林鴻明引用佛教經典給予的指引，「一直罣礙並不能解決問題。」既然接下擔子，發生問題，就一定要自己解決。

任何事情都會有相對的代價，身為主事者就要有能力和擔當，去選擇相對最小的代價。

成功建立跨國合作平台

林鴻明堅持相信專業，全球尋找合作伙伴，成功建立國際一流團隊與台灣團隊的合作。以快速工法爭取工程時間，勇於推動創新技術，建立跨國合作平台，一起努力克服各種挑戰。

從基樁工程開始，到之後高樓水泥灌漿，以及抗風、抗震設計。從第一天開始，台北一〇一團隊就以最嚴謹的態度，堅持到最後一天。

穩固的地基，兼具強度與韌性的堅強結構，許多創新的工程技術與構想，都由台北一〇一而起，之後影響整個台灣工程界。

台北一〇一讓世界看見台灣，更讓世界見證了台灣的營建實力。

要有夢想家的意念，也要有實踐者的執行力。

建築創作大多來自不同的根源，而且大部分的根源都是自己的城市，也就

美國普普藝術大師羅伯特·印地安納最著名的作品《LOVE》，讓台北與國際大城市並列。外面為紅色，內側為金色，是特別為台北發想的顏色。

是家。

打造一棟傳世建築，是來自建築世家的林鴻明從小的夢想。在蘆洲國小念書期間，每天經過隔壁村的古宅大院，小小年紀，對於建築能夠保留傳承，充滿期待與想像。

台北一〇一落成之後，長達五年，一直占據著世界第一高樓的位置。

興建之初，信義計畫區是一望無際的低密度開發區域，如今已經是企業總部、購物中心聚集的黃金地段。

不願意被排除在世界百層建築之外的企圖心及拚勁，讓大樓設計一路從六十六層衝刺到最後的一百零一層，五百零八公尺的高度，一舉成為世界第一高樓。

打造台北一〇一的過程中，許多人嘲笑林鴻明，耗費巨資只為追求世界第一，是不會賺錢的選擇。

面對嘲諷、輿論壓力，以及過程中遭遇各種突發狀況及意外，台北一〇一建造過程充滿波折。

現在回頭看，關關難過關關過，每一個難關都成為提升建築工程技術以及提升抗壓性的轉機。

一群人，為理想努力的故事

一〇一的「一」，代表著圓滿之後的新開始。

超越想像的艱苦歷程，成就了建築堅固又具韌性的特質。彰顯了台灣人的勇氣與毅力，也成為林鴻明一生的驕傲。

林鴻明以看待自己孩子的心情看待台北一〇一：「未成年的時候，要花比較多責任去照顧。我們用心栽培、教育孩子，讓他有自己的專長，之後也一定會有很好的人生。」

人間本就是過客。

組創營運、工程團隊，為台灣打造一棟世界第一高樓，林鴻明以過客的心情，珍惜所有經歷過的一切。他說，「我們這些過客，能為世界上留下一幢值得的建築，對城市、對台灣，甚至對自己兒時的夢想，都有了交代。」

一棟傲視地平線的地標建築，足以改變一座城市的風貌。

站在建築與結構設計的角度，一棟建築物從圖紙到興建完成，史上留名，是一輩子的榮耀。

站在投資營運者的角度，為城市興建一棟超高大樓，不只需要承擔營運的壓力，肩上也擔負著成為城市驕傲的社會責任。

台北一〇一不只是一幢超高建築，透過這棟建築，還能看見一群人為理想努力的故事。

從五樓搭上高速電梯，三十七秒直達八十九樓。

站在大樓高處，四周青山薄霧環繞，俯瞰城市，台北的輪廓朦朧依舊。

巨大鋼材的吊升，銲接工程的火花，工程人員的吆喝，建材運送安裝，挑戰技術極限的所有過程，一幕幕在眼前重現。

曾經的每一道坎坷，也都會在跨越之後，被榮耀的光芒映照得無比閃耀。

附錄一

台北一〇一榮耀與得獎大事紀

二〇〇四年，十二月三十一日正式啟用，總高度五百零八公尺、最高屋頂四百四十八公尺、最高使用樓層四百三十八公尺，榮獲世界高層建築與都市人居學會認證為世界最高建築物。

二〇〇五年，觀景台電梯，以每分鐘一千零一十公尺的速度，獲頒世界最快速電梯金氏世界紀錄。

二〇〇六年，《美國新聞週刊》（*Newsweek*）雜誌，評選為「世界新七大奇景」。

二〇〇八年，探索頻道（Discovery Channel）評選為「世界七大工程奇觀」之首。

二〇一一年，榮獲美國綠建築協會既有建築類別LEED最高等級白金認證。

二〇一三年，獲美國有線電視新聞網選為「全球十大最具特色的跨年去處」、「世界二十五人類偉大工程成就」、「世界二十五偉大摩天大樓／地標性建築」、「四十九個改變人生的旅程——台北一〇一高速電梯」。獲世界最大環保網站Greenbiz.com評為「世界十大環保辦公室」。

二〇一四年，美國有線電視新聞網評為「全球十二大驚奇電梯」。

二〇一五年，英國廣播公司評為「世界最美八大超高建築」、美國《大眾機械》（*Popular Mechanics*）雜誌評為「全球最堅韌建築之首」。

二〇一六年，以史上最高分數，拿下美國綠建築協會頒發，綠建築國際標準LEED v4既有建築營運維護類別最高等級白金級認證，延續世界最高綠建築的榮耀。

二〇一九年，獲得世界高層建築與都市人居學會頒發「全球五十最具影響力高層建築」大獎。

財經企管 BCB755

從 0 到 101
打造世界天際線的旅程

國家圖書館出版品預行編目(CIP)資料

從0到101：打造世界天際線的旅程/胡芝寧作. -- 第一版. -- 臺北市：遠見天下文化出版股份有限公司, 2022.02
面； 公分. -- (財經企管；BCB755)
ISBN 978-986-525-450-6(平裝)
1.CST: 建築 2.CST: 建築工程 3.CST: 臺北
441.404 111000533

作者——胡芝寧
企劃出版部總編輯——李桂芬
主編——李偉麟（特約）
責任編輯——劉瑋、李美貞（特約）
美術設計——張議文、劉雅文（特約）
圖片提供——宏國關係事業（P33、223）、台北金融大樓股份有限公司（P36、84、87、90、103、132、163、169、186、209、219-221、226、229、249、255、258）、李祖原聯合建築師事務所（P62、83、94）、永峻工程顧問股份有限公司（P67、104、111、197）

出版者——遠見天下文化出版股份有限公司
創辦人——高希均、王力行
遠見．天下文化 事業群董事長——高希均
事業群發行人／CEO——王力行
天下文化社長——林天來
天下文化總經理——林芳燕
國際事務開發部兼版權中心總監——潘欣
法律顧問——理律法律事務所陳長文律師
著作權顧問——魏啟翔律師
社址——臺北市 104 松江路 93 巷 1 號
讀者服務專線——02-2662-0012 ｜傳真——02-2662-0007；02-2662-0009
電子郵件信箱——cwpc@cwgv.com.tw
直接郵撥帳號——1326703-6 號　遠見天下文化出版股份有限公司

製版廠——中原造像股份有限公司
印刷廠——中原造像股份有限公司
裝訂廠——中原造像股份有限公司
登記證——局版台業字第 2517 號
總經銷——大和書報圖書股份有限公司｜電話——02-8990-2588
出版日期——2022 年 3 月 30 日第一版第三次印行

定價——NT480 元
ISBN——978-986-525-450-6 ｜ EISBN — 9789865254544（EPUB）；
9789865254551（PDF）
書號—— BCB755
天下文化官網——bookzone.cwgv.com.tw